新型农民阳光培训教材

农艺工培训教程

高延红　张梅花　主编

科学普及出版社

·北　京·

图书在版编目（CIP）数据

农艺工培训教程 / 高延红，张梅花主编. —北京：科学普及
出版社，2013.2
（新型农民阳光培训教材）
ISBN 978-7-110-07880-8

Ⅰ.①农… Ⅱ.①高… ②张… Ⅲ.①农业技术-技术培训-教材
Ⅳ.①S

中国版本图书馆 CIP 数据核字（2012）第 259373 号

责任编辑	鲍黎钧
封面设计	鲍　萌
责任校对	赵丽英
责任印制	张建农

出版发行	科学普及出版社
地　　址	北京市海淀区中关村南大街 16 号
邮　　编	100081
发行电话	010-62173865
传　　真	010-62179148
投稿电话	010-62176522
网　　址	http://www.cspbooks.com.cn

开　　本	850mm×1168mm　1/32
字　　数	138 千字
印　　张	5.5
版　　次	2013 年 2 月第 1 版
印　　次	2013 年 2 月第 1 次印刷
印　　刷	北京市彩虹印刷有限责任公司

书　　号	ISBN 978-7-110-07880-8/S·528
定　　价	16.00 元

前　言

　　我国农业人口众多,发展现代农业、建设社会主义新农村,是一项伟大而艰巨的综合工程,不仅需要深化农村综合改革、加快建立投入保障机制、加强农业基础建设、加大科技支撑力度、健全现代农业产业体系和农村市场体系,而且必须注重培养新型农民,造就建设现代农业的人才队伍。

　　新型农民是一支数以亿计的现代农业劳动大军,这支队伍的建立和壮大,只靠学校培养是远远不够的,主要应通过对广大青壮年农民进行现代农业技术与技能的培训来实现。鉴于此,我们在对农业岗位培训进行广泛调研的基础上,结合实际组织编写了《农艺工培训教程》。

　　本书坚持从现阶段我国青壮年农民的文化技术水平出发,突出现代农业技术与技能的传授,注重其先进性和实用性。书中详细讲解了水稻农艺工、小麦农艺工、玉米农艺工、大豆农艺工和油菜农艺工的岗位职责与素质要求、应具备的基础理论与知识。希望通过本书的出版发行,能为新型农民队伍的发展壮大贡献一份力量,也能为现代农业技术与技能培训积累一些可供借鉴的经验。

　　由于本书编写时间有限,各部分内容之不足在所难免,恳请同仁和各使用单位批评指正。

编委会

目 录

第一章　水稻农艺工的岗位职责与素质要求

第一节　水稻农艺工的岗位职责

一、水稻生产概况

水稻、小麦和玉米是世界三大主要粮食作物,其中水稻是全球半数以上人口的主食。以稻米为主食的国家包括:亚太地区 15 国,非洲 8 国,拉丁美洲 7 国和近东 1 国。仅在亚洲,就有 20 亿以上人口以稻米为主食。水稻直接为人类提供约 20％的食物能量,而小麦和玉米分别为 19％和 5％。从这个意义上讲,水稻是最重要的粮食作物。主要水稻的生产国都以稻米为主食。世界主要产稻国都是亚洲国家(表 1-1)。

表 1-1　世界十大水稻生产国家

(2005 年统计数据,联合国粮农组织 FAO)

位　次	国　家	总　产 (10⁶ 吨)	收获面积 (10⁶ 公顷)	单　产 (吨/公顷)
1	中国	182.042	29.087	6.259
2	印度	136.574	43.399	3.147
3	印度尼西亚	53.985	11.801	4.575
4	孟加拉国	39.796	10.524	3.781
5	越南	35.791	7.326	4.885
6	泰国	29.201	9.977	2.927

位　次	国　家	总　产 (10⁶ 吨)	收获面积 (10⁶ 公顷)	单　产 (吨/公顷)
7	缅甸	25.364	7.008	3.619
8	菲律宾	14.603	4.200	3.477
9	巴西	13.192	3.911	3.373
10	日本	11.342	1.705	6.648

稻米的营养价值较高。稻米的淀粉粒小，易于消化吸收。稻米中还含有蛋白质、脂肪、维生素和矿物质等，各种营养成分相对比较合理，且可消化率和吸收率都较高。稻米便于加工、运输和贮藏，是最重要的商品粮之一。稻谷还是重要的食品加工、酿造业原料，稻糠、稻草等副产品还可作为饲料和造纸原料。

我国稻作农业历史源远流长，近年在湖南省澧县城头山遗址发现的距今约 6500 年的稻田遗迹，已有田埂及人为灌溉系统，与今天的水稻田很相似，是世界上已发现的年代最早的水稻田遗迹。我国长江流域精耕细作的传统稻作技术体系在宋代已基本建立。这主要表现在以耕、耙、耖为核心的整地技术的形成，以育秧移栽为核心的播种技术的形成和以耘田、烤田为核心的田间管理技术的形成。宋代以后我国南方稻作农业的发展，直接促进了我国人口的快速发展和经济、文化中心的南移。

新中国成立以来，我国稻作科学和水稻生产的发展取得了举世瞩目的成就。从 1949 年至今，水稻生产大致经历了三个发展时期。

1. 第一个发展时期是 1949～1961 年

此时期发展的特点是在大力开展以治水、改土为中心的农田基本建设的同时，进行了单季稻改双季稻、籼稻改粳稻等耕作制度的改革，并推广了相关先进栽培技术，对提高水稻产量起了重要的作用。至 1956 年，水稻种植面积达到 3.3267×10^7 公顷，比 1949 年增加了 7.6×10^6 公顷，增产稻谷 3.384×10^7 吨，其中因改制扩大复种指数而增产的占 55.9%，总产提高了 69.8%，单产增加缓慢，年增产不到 15 千克/公顷。在此时期末，由于某些地区超越客观条件发展双季稻后又被迫回归单季稻，以及遇到三年自然灾害等原因，水稻面积减少，单产也降低，总产量相应下降，我国水稻生产出现第一次"滑坡"现象。

2. 第二个发展时期是 1962～1979 年

此时期的发展特点是：继续选育、推广普及矮秆优良品种，并采用了与之相配套的优化栽培技术，在改革生产条件的基础上，恢复和发展了双季稻生产，水稻种植面积从 1962 年开始回升，至 1975 年发展至顶峰，达 3.65×10^7 公顷。此时期因扩大种植面积而增产的比重下降为 35.8%，而单产迅速上升，1979 年水稻单产达 4.25 吨/公顷，较 1961 年单产 2.08 吨/公顷提高了 104%，平均年增产 120 千克/公顷，因提高单产而增产的比重占据了主导地位。

3. 第三个发展时期是 1980 年至今

此时期杂交水稻大面积应用于生产，对水稻增产发挥了重大作用。1980～1990 年，水稻单产提高了 40.7%，1990 年水稻单产达 5.72 吨/公顷，平均年增产 157 千克/公顷，是历史上单产年增量最高的时期。1990 年以后，由于耕地面积缩小，以及种植结构调整，优质稻面积扩大等原因，水稻总产和单产一度增长缓慢。最近几年由于水稻育种和栽培技术的突破，一些综合配套高产高效栽培模式的应用，对提高水稻单产起了重要的作用，2005 年我国水稻总产和单产分别达到 1.82×10^8 吨和 6.259 吨/公顷。

近年来，我国水稻种植面积有逐渐减少趋势，至 2003 年降至 2.678×10^7 公顷，提高单产已成为维持或进一步提高水稻总产量的唯一途径。以提高单产为主要目标的超高产水稻研究是近年来我国稻作科学的热点领域，水稻超高产育种和超高产栽培取得了可喜的成绩。例如，2003 年 9 月 6 日的现场验收，江苏明天种业科技有限公司从江苏镇江农业科学研究所买断开发的优质杂交籼稻新品种Ⅱ优 084，在云南省永胜县以稻谷产量 18.466 吨/公顷创造了世界水稻单产纪录。2006 年 9 月 7 日现场验收，南京农业大学丁艳锋、王绍华等运用水稻精确定量栽培的原理，在云南永胜县实施的"水稻新品种'协优 107'精确定量栽培"，稻谷产量达 19.325

吨/公顷,创造了世界水稻单产的新纪录。

二、水稻农艺工的岗位职责

只有在认清世界水稻发展的形势和我国水稻发展的历程及优劣条件的基础上,才能更牢固的把握水稻农艺工的使命与责任。

世界上约 80％的水稻是由小农户生产的,在发展中国家约有 10 亿人从事水稻生产和与水稻生产相关的产业,其中大多数人生活在欠发达地区。发展水稻生产对保障广大稻农的基本经济来源和提高生活质量至关重要。

我国水稻种植面积约占世界水稻面积的 1/4,仅次于印度,居世界第二;稻谷总产量约占世界稻谷总产量的 1/3,居世界第一。我国水稻种植面积约占粮食作物播种面积的 1/3,而稻谷总产量约占粮食总产量的 40％以上,稻米是我国最重要的商品粮。发展水稻生产,对保障我国粮食安全具有特殊的重要意义。

水稻农艺工是一个重要的生产岗位。这份工作的职责是为全国人民生产最重要的粮食,改善人民生活,保障我国粮食安全;同时,可增加生产单位或家庭的经济收入。

第二节 水稻农艺工的素质要求

一、水稻农艺工应掌握的理论知识

1. 相关植物学与植物生理学知识

一是水稻形态特征(根、茎、叶、花、种子的构造)各个生育期的划分以及对外界条件的要求、产量的构成与产量的形成过程;二是掌握作物成熟期及其收获、脱粒、晒干、贮藏知识与植物细胞构造及繁殖方式;三是植物对水、肥的吸收及运输;四是植物的光合作用;五是植物的呼吸与农产品贮藏关系;六是常见田间杂草及其繁殖方式。

2. 土壤肥料

一是土壤肥力、土壤组成、土壤酸碱性与作物生长关系;二是了解高产田与低产田的土壤特征及一般培肥改良方法;三是几种常用化肥的性质和使用方法：氮肥（氯化铵、碳酸氢铵、硫酸铵、硝酸铵、尿素），磷肥（过磷酸钙、钙镁磷肥、磷矿粉），钾肥（硫酸钾、氯化钾）；四是一般水土保持知识。

3. 作物栽培

一是掌握当地农时节气与水稻品种特性与播种、移栽及栽插密度的关系，用种量、秧苗面积与本田面积的比例计算；二是一般能应用推广了的先进栽培技术，正确判断水稻生育期及长势长相，进行田间中耕除草与水肥管理；三是能正确判断水稻成熟期，适时收割；四是对水稻生产的农机具原理有一定了解并能保养。

4. 植物保护

一是昆虫的基本知识；二是病害的基本知识；三是常用农药使用、安全及保存；四是掌握水稻主要病虫害及杂草的识别与防治的基本原理。

二、水稻农艺工应掌握的操作技能

1. 稻田耕整

一是能熟练地使用牛犁或农机进行翻地或结合翻沤绿肥，并保证较高的质量，能使用耙、耖、锄、铲等农机具进行碎土、松土；二是能熟练地使用耙、耖、锄、铲或农机进行碎土、平整田块，秧田开沟、做畦；三是能用锄、铲进行渠道、田埂与晒场维修。

2. 播种、栽插、田间管理

一是能完成水稻浸种、催芽、播种、栽插或抛秧移栽作，并保证质量；二是能进行田间灌排、施肥等管理，了解各种化肥的性质，提高施肥效率，防止肥效挥发与流失；三是能及时发现病虫害并正确防治，能使用化学除草剂进行除草，正确调配农药及除草剂的浓度，防止对作物的药害及人、畜中毒。

3. 收割与贮藏

一是能适时收割脱粒；二是能将种子及时晒干、扬净、安全贮藏。

4. 繁制种技术

能严格按照有关要求繁殖良种或进行杂交稻制种，操作技术熟练可靠。

5. 常用农机具的设备与使用维护

一是能正确使用锄、铲、耙等农具及修理；二是对小型农机能熟练使用及保养，如小型电动机、小型柴油机、手扶拖拉机、机动喷雾机等。

第二章　水稻农艺工应具备的基础知识

第一节　水稻安全生产与相关法律法规

水稻生产是我国最重要的农业生产活动之一。在水稻生产的产前、产中和产后各个环节中，都必须遵循国家颁布的相关法律以及各级地方政府制定的相关法规。与水稻安全生产相关的现行主要农业法律主要有农业法、种子法和农产品质量安全法。以下是水稻农艺工应该掌握的主要相关法律法规条款。

一、中华人民共和国农业法

1. 农业生产

第一，国家引导和支持农民和农业生产经营组织结合本地实际，按照市场需求，调整和优化农业生产结构，协调发展种植业、林业、畜牧业和渔业，发展优质、高产、高效益的农业，提高农产品国际竞争力。

种植业以优化品种、提高质量、增加效益为中心，调整作物结构、品种结构和品质结构。

第二，国家采取措施提高农产品的质量，建立健全农产品质量标准体系和质量检验检测监督体系，按照有关技术规范、操作规程和质量卫生安全标准，组织农产品的生产经营，保障农产品质量安全。

第三，各级人民政府和农业生产经营组织应当加强农田水利设施建设，建立健全农田水利设施的管理制度，节约用水，发展节水型农业,严格依法控制非农业建设占用灌溉水源,禁止任何组织和个人非法占用或者毁损农田水利设施。

国家对缺水地区发展节水型农业给予重点扶持。

第四,国家支持依法建立健全优质农产品认证和标志制度。

国家鼓励和扶持发展优质农产品生产。县级以上地方人民政府应当结合本地情况,按照国家有关规定采取措施,发展优质农产品生产。

符合国家规定标准的优质农产品可以依照法律或者行政法规的规定申请使用有关的标志。符合规定产地及生产规范要求的农产品可以依照有关法律或者行政法规的规定申请使用农产品地理标志。

第五,农药、兽药、饲料和饲料添加剂、肥料、种子、农业机械等可能危害人畜安全的农业生产资料的生产经营,依照相关法律、行政法规的规定实行登记或者许可制度。

各级人民政府应当建立健全农业生产资料的安全使用制度,农民和农业生产经营组织不得使用国家明令淘汰和禁止使用的农药、兽药、饲料添加剂等农业生产资料和其他禁止使用的产品。

农业生产资料的生产者、销售者应当对其生产、销售的产品的质量负责,禁止以次充好、以假充真、以不合格的产品冒充合格的产品;禁止生产和销售国家明令淘汰的农药、兽药、饲料添加剂及农业机械等农业生产资料。

第六,国家实行动植物防疫、检疫制度,健全动植物防疫、检疫体系,加强对动物疫病和植物病、虫、杂草、鼠害的监测、预警、防治,建立重大动物疫情和植物病虫害的快速扑灭机制,建设动物无规定疫病区,实施植物保护工程。

2. 粮食安全

第一,国家在政策、资金、技术等方面对粮食主产区给予重点扶持,建设稳定的商品粮生产基地,改善粮食收贮及加工设施,提高粮食主产区的粮食生产、加工水平和经济效益。

国家支持粮食主产区与主销区建立稳定的购销合作关系。

第二,国家建立粮食风险基金,用于支持粮食储备、稳定粮食市场和保护农民利益。

第三，在粮食的市场价格过低时，国务院可以决定对部分粮食品种实行保护价制度。保护价应当根据有利于保护农民利益、稳定粮食生产的原则确定。

农民按保护价制度出售粮食，国家委托的收购单位不得拒收。

县级以上人民政府应当组织财政、金融等部门以及国家委托的收购单位及时筹足粮食收购资金，任何部门、单价或者个人不得截留或者挪用。

第四，国家采取措施保护和提高粮食综合生产能力，稳步提高粮食生产水平，保障粮食安全。

国家建立耕地保护制度，对基本农田依法实行特殊保护。

第五，国家建立粮食安全预警制度，采取措施保障粮食供给。国务院应当制定粮食安全保障目标与粮食贮备数量指标，并根据需要组织有关主管部门进行耕地、粮食库存情况的核查。

国家对粮食实行中央和地方分级储备调节制度，建设仓储运输体系。承担国家粮食贮备任务的企业应当按照国家规定保证贮备粮的数量和质量。

第六，国家提倡珍惜和节约粮食，并采取措施改善人民的食物营养结构。

二、中华人民共和国农产品质量安全法

1. 总则

第一，为保障农产品质量安全，维护公众健康，促进农业和农村经济发展，制定本法。

第二，本法所称农产品，是指来源于农业的初级产品，即在农业活动中获得的植物、动物、微生物及其产品。

本法所称农产品质量安全，是指农产品质量符合保障人的健康、安全的要求。

第三，国家引导、推广农产品标准化生产，鼓励和支持生产优质农产品，禁止生产、销售不符合国家规定的农产品质量安全标准的农产品。

第四，县级以上人民政府农业行政主管部门负责农产品质量安全的监督管理工作;县级以上人民政府有关部门按照职责分工,负责农产品质量安全的有关工作。

第五,各级人民政府及有关部门应当加强农产品质量安全知识的宣传,提高公众的农产品质量安全意识,引导农产品生产者、销售者加强质量安全管理,保障农产品消费安全。

2. 农产品质量安全标准

第一,国家建立健全农产品质量安全标准体系。农产品质量安全标准是强制性的技术规范。

农产品质量安全标准的制定和发布,依照有关法律、行政法规的规定执行。

第二,制定农产品质量安全标准应当充分考虑农产品质量安全风险评估结果,并听取农产品生产者、销售者和消费者的意见,保障消费安全。

第三,农产品质量安全标准应当根据科学技术发展水平以及农产品质量安全的需要,及时修订。

第四,农产品质量安全标准由农业行政主管部门协调,有关部门组织实施。

3. 农产品产地

第一,县级以上人民政府应当采取措施,加强农产品基地建设,改善农产品的生产条件。

县级以上人民政府农业行政主管部门应当采取措施,推进保障农产品质量安全的标准化生产综合示范区、示范农场、养殖小区和无规定动植物疫病区的建设。

第二,禁止在有毒有害物质超过规定标准的区域生产、捕捞、采集食用农产品和建立农产品生产基地。

第三,禁止违反法律、法规的规定向农产品产地排放或者倾倒废水、废气、固体废物或者其他有毒有害物质。

农业生产用水和用作肥料的固体废物,应当符合国家规定的标准。

第四,农产品生产者应当合理使用化肥、农药、兽药、农用薄膜等化工产品,防止对农产品产地造成污染。

4. 农产品生产

第一,对可能影响农产品质量安全的农药、兽药、饲料和饲料添加剂、肥料、兽医器械,依照有关法律、行政法规的规定实行许可制度。

国务院农业行政主管部门和省、自治区,直辖市人民政府农业行政主管部门应当定期对可能危及农产品质量安全的农药、兽药、饲料和饲料添加剂、肥料等农业投入品进行监督抽查,并公布抽查结果。

第二,县级以上人民政府农业行政主管部门应当加强对农业投入品使用的管理和指导,建立健全农业投入品的安全使用制度。

第三,农产品生产企业和农民专业合作经济组织应当建立农产品生产记录,如实记载下列事项:

一是使用农业投入品的名称、来源、用法,用量和使用、停用的日期;

二是动物疫病、植物病虫草害的发生和防治情况;

三是收获、屠宰或者捕捞的日期。

农产品生产记录应当保存二年。禁止伪造农产品生产记录。

国家鼓励其他农产品生产者建立农产品生产记录。

第四,农产品生产者应当按照法律、行政法规和国务院农业行政主管部门的规定,合理使用农业投入品,严格执行农业投入品使用安全间隔期或者休药期的规定,防止危及农产品质量安全。

禁止在农产品生产过程中使用国家明令禁止使用的农业投入品。

第五,农产品生产企业和农民专业合作经济组织,应当自行或者委托检测机构对农产品质量安全状况进行检测;经检测不符合农产品质量安全标准的农产品,不得销售。

第六,农民专业合作经济组织和农产品行业协会对其成员应当及时提供生产技术服务,建立农产品质量安全管理制度,健全农产品质量安全控制体系,加强自律管理。

5. 监督检查

第一,有下列情形之一的农产品,不得销售:

一是含有国家禁止使用的农药、兽药或者其他化学物质的;

二是农药、兽药等化学物质残留或者含有的重金属等有毒有害物质不符合农产品质量安全标准的;

三是含有的致病性寄生虫、微生物或者生物毒素不符合农产品质量安全标准的；

四是使用的保鲜剂、防腐剂、添加剂等材料不符合国家有关强制性的技术规范的；

五是其他不符合农产品质量安全标准的。

第二，县级以上人民政府农业行政主管部门在农产品质量安全监督检查中，可以对生产、销售的农产品进行现场检查，调查了解农产品质量安全的有关情况，查阅、复制与农产品质量安全有关的记录和其他资料；对经检测不符合农产品质量安全标准的农产品，有权查封、扣押。

第三，发生农产品质量安全事故时，有关单位和个人应当采取控制措施，及时向所在地乡级人民政府和县级人民政府农业行政主管部门报告；收到报告的机关应当及时处理并报上一级人民政府和有关部门。发生重大农产品质量安全事故时，农业行政主管部门应当及时通报同级食品药品监督管理部门。

第四，县级以上人民政府农业行政主管部门在农产品质量安全监督管理中，发现有本法第一条所列情形之一的农产品，应当按照农产品质量安全责任追究制度的要求，查明责任人，依法予以处理或者提出处理建议。

第五，进口的农产品必须按照国家规定的农产品质量安全标准进行检验，尚未制定有关农产品质量安全标准的，应当依法及时制定，未制定之前，可以参照国家有关部门指定的国外有关标准进行检验。

6. 法律责任

第一，农产品质量安全监督管理人员不依法履行监督职责，或者滥用职权的，依法给予行政处分。

第二，农产品质量安全检测机构伪造检测结果的，责令改正，没收违法所得，并处五万元以上十万元以下罚款，对直接负责的主管人员和其他直接责任人员处一万元以上五万元以下罚款；情节严重的，撤销其检测资格；造成损害的，依法承担赔偿责任。

农产品质量安全检测机构出具检测结果不实，造成损害的，依法承担赔偿责任；造成重大损害的，并撤销其检测资格。

第三，违反法律、法规规定，向农产品产地排放或者倾倒废水、废气、固体废物或者其他有毒有害物质的，依照有关环境保护法律、法规的规定处罚；造成损害的，依法承担赔偿责任。

第四，使用农业投入品违反法律、行政法规和国务院农业行政主管部门规定的，依照有关法律、行政法规的规定处罚。

第五，农产品生产企业、农民专业合作经济组织未建立或者未按照规定保存农产品生产记录的，或者伪造农产品生产记录的，责令限期改正；逾期不改正的，可以处二千元以下罚款。

第六，农产品生产企业、农民专业合作经济组织销售的农产品有本法监督检查项目第一至三或者五所列情形之一的，责令停止销售，追回已经销售的农产品，对违法销售的农产品进行无害化处理或者予以监督销毁；没收违法所得，并处二千元以上二万元以下罚款。

第七，生产、销售本法所列禁止销售农产品，给消费者造成损害的，依法承担赔偿责任。

农产品批发市场中销售的农产品有前款规定情形的，消费者可以向农产品批发市场要求赔偿；属于生产者、销售者责任的，农产品批发市场有权追偿。消费者也可以直接向农产品生产者、销售者要求赔偿。

三、中华人民共和国种子法

1. 总则

第一，为了保护和合理利用种质资源，规范品种选育和种子生产、经营、使用行为，维护品种选育者和种子生产者、经营者、使用者的合法权益，提高种子质量水平，推动种子产业化，促进种植业和林业的发展，制定本法。

第二，在中华人民共和国境内从事品种选育和种子生产、经营、使用、管理等活动，适用本法。

本法所称种子，是指农作物和林木的种植材料或者繁殖材料，包括籽粒、果实和根、茎、苗、芽、叶等。

2. 品种选育与审定

第一，主要农作物品种和主要林木品种在推广应用前应当通过国家级或者省级审定，申请者可以直接申请省级审定或者国家级审定。由省、自治区、直辖市人民政府农业、林业行政主管部门确定的主要农作物品种和主要林木品种实行省级审定。

第二，通过国家级审定的主要农作物品种和主要林木良种由国务院农业、林业行政主管部门公告，可以在全国适宜的生态区域推广。通过省级审定的主要农作物品种和主要林木良种由省、自治区、直辖市人民政府农业、林业行政主管部门公告，可以在本行政区域内适宜的生态区域推广；相邻省、自治区、直辖市属于同一适宜生态区的地域，经所在省、自治区、直辖市人民政府农业、林业行政主管部门同意后可以引种。

第三，应当审定的农作物品种未经审定通过的，不得发布广告，不得经营、推广。

应当审定的林木品种未经审定通过的，不得作为良种经营、推广，但生产确需使用的，应当经省级以上人民政府林业行政主管部门审核，报同级林木品种审定委员会认定。

3. 种子生产

第一，主要农作物和主要林木的商品种子生产实行许可制度。

主要农作物杂交种子及其亲本种子、常规种原种种子、主要林木良种的种子生产许可证，由生产所在地县级人民政府农业、林业行政主管部门审核，省、自治区、直辖市人民政府农业、林业行政主管部门核发；其他种子的生产许可证，由生产所在地县级以上地方人民政府农业、林业行政主管部门核发。

第二，申请领取种子生产许可证的单位和个人，应当具备下列条件：

一是具有繁殖种子的隔离和培育条件；

二是具有无检疫性病虫害的种子生产地点或者县级以上人民政府林业行政主管部门确定的采种林；

三是具有与种子生产相适应的资金和生产、检验设施；

四是具有相应的专业种子生产和检验技术人员；

五是法律、法规规定的其他条件。

申请领取具有植物新品种权的种子生产许可证的，应当征得品种权人的书面同意。

第三，种子生产许可证应当注明生产种子的品种、地点和有效期限等项目。

禁止伪造、变造、买卖、租借种子生产许可证，禁止任何单位和个人无证或者未按照许可证的规定生产种子。

第四，商品种子生产应当执行种子生产技术规程和种子检验、检疫规程。

4. 种子经营

第一，种子经营实行许可制度。种子经营者必须先取得种子经营许可证后，方可凭种子经营许可证向工商行政管理机关申请办理或者变更营业执照。

第二，农民个人自繁、自用的常规种子有剩余的，可以在集贸市场上出售、串换，不需要办理种子经营许可证，由省、自治区、直辖市人民政府制定管理办法。

第三，申请领取种子经营许可证的单位和个人，应当具备下列条件：

一是具有与经营种子种类和数量相适应的资金及独立承担民事责任的能力；

二是具有能够正确识别所经营的种子、检验种子质量、掌握种子贮藏、保管技术的人员；

三是具有与经营种子的种类、数量相适应的营业场所及加工、包装、贮藏保管设施和检验种子质量的仪器设备；

四是法律、法规规定的其他条件。

种子经营者专门经营不再分装的包装种子的，或者受具有种子经营许可证的种子经营者以书面委托代销其种子的，可以不办理种子经营许可证。

第四，种子经营许可证的有效区域由发证机关在其管辖范围内确定。种子经营者按照经营许可证规定的有效区域设立分支机构的,可以不再办理种子经营许可证,但应当在办理或者变更营业执照后 15 日内,向当地农业、林业行政主管部门和原发证机关备案。

第五,种子经营许可证应当注明种子经营范围、经营方式及有效期限、有效区域等项目。

禁止伪造、变造、买卖、租借种子经营许可证;禁止任何单位和个人无证或者未按照许可证的规定经营种子。

第六,种子经营者应当遵守有关法律、法规的规定,向种子使用者提供种子的简要性状、主要栽培措施、使用条件的说明与有关咨询服务,并对种子质量负责。

任何单位和个人不得非法干预种子经营者的自主经营权。

第七,销售的种子应当加工、分级、包装。但是,不能加工、包装的除外。

大包装或者进口种子可以分装;实行分装的,应当注明分装单位,并对种子质量负责。

第八,销售的种子应当附有标签。标签应当标注种子类别、品种名称、产地、质量指标、检疫证明编号、种子生产及经营许可证编号或者进口审批文号等事项。标签标注的内容应当与销售的种子相符。

销售进口种子的,应当附有中文标签。

销售转基因植物品种种子的,必须用明显的文字标注,并应当提示使用时的安全控制措施。

第九,种子经营者应当建立种子经营档案,载明种子来源、加工、贮藏、运输和质量检测各环节的简要说明及责任人、销售去向等内容。

一年生农作物种子的经营档案应当保存至种子销售后两年,多年生农作物和林木种子经营档案的保存期限由国务院农业、林业行政主管部门规定。

第十,种子广告的内容应当符合本法和有关广告的法律、法规的规定,主要性状描述应当与审定公告一致。

第十一,调运或者邮寄出县的种子应当附有检疫证书。

5. 种子使用

第一，种子使用者有权按照自己的意愿购买种子，任何单位和个人不得非法干预。

第二，种子使用者因种子质量问题遭受损失的，出售种子的经营者应当予以赔偿，赔偿额包括购种价款、有关费用和可得利益损失。

经营者赔偿后，属于种子生产者或者其他经营者责任的，经营者有权向生产者或者其他经营者追偿。

第三，因使用种子发生民事纠纷的，当事人可以通过协商或者调解解决。当事人不愿通过协商、调解解决或者协商、调解不成的，可以根据当事人之间的协议向仲裁机构申请仲裁。当事人也可以直接向人民法院起诉。

6. 种子质量

第一，禁止生产、经营假、劣种子。

下列种子为假种子：

一是种子种类、品种、产地与标签标注的内容不符的。

二是以非种子冒充种子或者以此种品种种子冒充他种品种种子的。

下列种子为劣种子：

第一，由于不可抗力原因，为生产需要必须使用低于国家或者地方规定的种用标准的农作物种子的，应当经用种地县级以上地方人民政府批准；林木种子应当经用种地省、自治区、直辖市人民政府批准。

第二，一是质量低于国家规定的种用标准的；二是质量低于标签标注指标的；三是因变质不能作种子使用的；四是杂草种子的比率超过规定的；五是带有国家规定检疫对象的有害生物的。

第三，从事品种选育和种子生产、经营以及管理的单位和个人应当遵守有关植物检疫法律、行政法规的规定，防止植物危险性病、虫、杂草及其他有害生物的传播和蔓延。

禁止任何单位和个人在种子生产基地从事病虫害接种试验。

7. 法律责任

第一，违反本法规定，生产、经营假、劣种子的，由县级以上人民政府农业、林业行政主管部门或者工商行政管理机关责令停止生产、经营,没收种子和违法所得,吊销种子生产许可证、种子经营许可证或者营业执照,并处以罚款。有违法所得的,处以违法所得五倍以上十倍以下罚款;没有违法所得的,处以二千元以上五万元以下罚款;构成犯罪的,依法追究刑事责任。

第二,违反本法规定,有下列行为之一的,由县级以上人民政府农业、林业行政主管部门责令改正,没收种子和违法所得,并处以违法所得一倍以上三倍以下罚款,没有违法所得的,处以一千元以上三万元以下罚款;可以吊销违法行为人的种子生产许可证或者种子经营许可证;构成犯罪的,依法追究刑事责任。

一是未取得种子生产许可证或者伪造、变造、买卖、租借种子生产许可证,或者未按照种子生产许可证的规定生产种子的。

二是未取得种子经营许可证或者伪造、变造、买卖、租借种子经营许可证,或者未按照种子经营许可证的规定经营种子的。

第三,违反本法规定,有下列行为之一的,由县级以上人民政府农业、林业行政主管部门或者工商行政管理机关责令改正,处以一千元以上一万元以下罚款。

一是经营的种子应当包装而没有包装的。

二是未按规定制作、保存种子生产、经营档案的。

三是伪造、涂改标签或者试验、检验数据的。

四是经营的种子没有标签或者标签内容不符合本法规定的。

五是种子经营者在异地设立分支机构未按规定备案的。

第四,种子质量检验机构出具虚假检验证明的,与种子生产者、销售者承担连带责任;并依法追究种子质量检验机构及其有关责任人的行政责任;构成犯罪的,依法追究刑事责任。

第五,种子行政管理人员徇私舞弊、滥用职权、玩忽职守的,或者违反本法规定从事种子生产、经营活动的,依法给予行政处分;构成犯罪的,依法追究刑事责任。

第六,农业、林业行政主管部门违反本法规定,对不具备条件的种子生产者、经营者核发种子生产许可证或者种子经营许可证的,对直接负责的主管人员和其他直接责任人员,依法给予行政处分;构成犯罪的,依法追究刑事责任。

第七,强迫种子使用者违背自己的意愿购买、使用种子给使用者造成损失的,应当承担赔偿责任。

第八,当事人认为有关行政机关的具体行政行为侵犯其合法权益的,可以依法申请行政复议,也可以依法直接向人民法院提起诉讼。

第九,农业、林业行政主管部门依法吊销违法行为人的种子经营许可证后,应当通知工商行政管理机关依法注销或者变更违法行为人的营业执照。

第二节 水稻种植区域与品种类型

一、水稻品种类型

我国栽培稻品种有 4 万多个。根据水稻品种的遗传变异及其农艺性状特征可划分为多种类型。

1. 水稻遗传变异类型

(1)水稻和陆稻(旱稻)。根据栽培稻对土壤水分适应性的差异,可将其分为水稻(包括灌溉稻、低地雨育稻、深水稻和浮稻,我国主要种植灌溉稻)和陆稻(又称旱稻)两大类型(图 2—1)。水稻在整个生育期中,都可适应有水层的环境,是一种水生或湿生植物;而陆稻则和其他旱地作物一样,可在旱地栽培。

(2)籼稻和粳稻。粳稻比籼稻耐寒性强。我国籼、粳稻的地理分布是从南至北、从低地到高地,籼稻分布由多到少,粳稻分布则由少到多,中间地带为籼、粳交错的过渡地带。华南地区主要种植籼稻,东北地区种植粳稻,华中地区籼稻、粳稻都有种植,部分地区双季稻采用早籼晚粳形式。云南省籼、粳种植具有明显的垂直分布规律,海拔 1 450 米以下为籼稻区,1 800 米以上为粳稻区,1 450～1 800 米为籼、粳稻交错地带(表 2—1)。

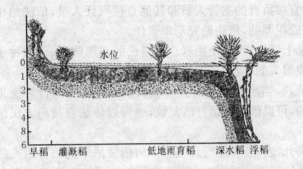

图2—1　栽培稻品种的土壤水分适应类型

表2—1　籼稻与粳稻主要形态特征及生理特性比较

类　型	籼　稻	粳　稻
形态特征	株型较散,顶叶开张角度小;叶片较宽、叶毛多;籽粒细长略偏,颖毛短而稀,散生颖面;无芒或短芒	株型较竖,顶叶开张角度大;叶片较窄,色较浓绿,叶毛少或无;籽粒短圆,颖毛长而密,集生颖尖、颖棱;无芒或长芒
生理特征	抗寒性较弱,抗旱性较弱,抗稻瘟病性较强,耐肥抗倒一般,分蘖力较强;易落粒;出米率低,碎米多,黏性小,胀性大;在苯酚中易着色	抗寒性较强,抗旱性较强,抗稻瘟病性较弱,较耐肥抗倒,分蘖力较弱,难脱粒;出米率高,碎米少,黏性小,胀性小;在苯酚中不易着色

(3)黏稻和糯稻。黏稻和糯稻的主要区别在于淀粉组成和米粒颜色。黏米呈半透明,含支链淀粉70%～80%,直链淀粉20%～30%。糯米为乳白色,几乎全部为支链淀粉,不含或只含很少直链淀粉。所以,黏稻煮的饭黏性弱,胀性大;糯稻煮的饭黏性强,胀性小。

(4)晚稻和早稻。籼稻和粳稻中,都有晚稻和早稻,它们在外形上没有明显的区别,主要区别在于对光照长短的反应特性不同。晚稻对日照长短反应敏感,即在短日照条件下,才能进入幼穗分化阶段和抽穗;早稻对日照长短反应钝感或无感,只要温度等条件适宜,不要求短日照条件,即在长日照条件下,同样可以进入幼穗分化阶段和抽穗。华南地区可将早稻品种作晚稻种植,称为早稻"翻秋"。

(5)香稻和其他特种稻。香稻是能够散发出香味的品种,通常的香稻除根部外,其茎、叶、花、米粒均能产生香味。不同的香稻类型可具有不同的香型。用香米蒸煮的米饭会散发出诱人的香味。

有色稻米包括红米、黑米和绿米,色素多积聚于颖果果皮内很薄的一层种皮细胞中,因为加工成精米时果皮、种皮和胚都会被碾去,所以市场上出售的有色稻米都是糙米。

甜米淀粉含量相对较少而可溶性糖含量相对较多,米饭有甜味。用它制成各种食品,可减少食糖用量,制成保健食品。

巨胚稻的胚占糙米的 25% 左右,是普通稻米胚的 2~3 倍。糙米中的蛋白质、脂肪、纤维素与烟酸等营养成分的含量明显高于普通稻米,其糙米可作为保健食品原料。

2. 水稻分类

(1)按株型分类。主要按其茎秆长短划分为高秆、中秆和矮秆品种。一般将茎秆长度在 100 厘米以下的称为矮秆品种,长于 120 厘米者为高秆品种,100~120 厘米的称为中秆品种。矮秆品种一般耐肥抗倒,但过矮,其生物学产量低,难以高产;高秆品种一般不耐肥、不抗倒,生物学产量虽高,而收获指数低,也不易高产,目前生产上很少利用。因此,当前生产上利用的水稻品种多为矮中偏高,或中秆品种类型。

(2)按稻种繁殖方式分类。分为杂交稻种和常规稻种。杂交稻遗传基础丰富,具有杂种优势,一般产量较高。目前推广的杂交稻品种,以中秆、大穗类型的籼稻较多,其根系发达,分蘖力强。当前我国南方稻区杂交稻以籼稻为主。

(3)按熟期分类。一般将早稻、中稻和晚稻分为早、中、迟熟品种,共 9 个类型。熟期的早与迟,是根据品种在当地生育期长短划分的。在不同的耕作制度或生态条件下,选用不同熟期的品种进行合理搭配,有利于获得最佳的经济效益和生态效益。

(4)按穗型分类。分为大穗型和多穗型两种。大穗型品种一般秆粗、叶大、分蘖少,每穗粒数多;多穗型品种一般秆细,叶小,分蘖较多,每穗粒数较少。其每穗粒数的多少,又往往受环境和栽培条件的影响。在栽培上,多穗型品种必须在争取足够茎蘖数的基础上,提高成穗率,才能获取高产;大穗型品种,要在一定成穗数的基础上,主攻大穗,以发挥其穗大、粒多的优势,充分挖掘其生产潜力。

(5)按稻米品质分类。可分为优质稻、中质稻和劣质稻。目前我国仍以中质稻的生产为主。随着人民生活水平不断提高,对优质稻米的需求量将越来越大。近年来,优质稻种植面积有较大发展,但由于多数常规优质稻品种产量不高,其发展速度受到一定限制。随着高产优质稻品种选育的进展,今后我国优质稻种植面积将进一步扩大。

二、水稻种植区域

我国稻区分布辽阔,南至海南岛($18°9'N$),北至黑龙江省黑河地区($52°29'N$),东至台湾省,西达新疆维吾尔自治区;低至海平面以下的东南沿海潮田,高达海拔 2 600 米以上的云贵高原,均有水稻种植。水稻种植面积的 90%以上分布在秦岭、淮河以南地区。成都平原、长江中下游平原、珠江流域的河谷平原和三角洲地带是我国水稻主产区。此外,云南、贵州的坝子平原,浙江、福建沿海地区的海滨平原,以及台湾省西部平原,也是我国水稻的集中产区。各地自然生态环境、社会经济条件和水稻生产状况都有明显差异。

1. 西南单双季稻稻作区

本区位于云贵高原和青藏高原,包括湖南省西部、贵州省大部、云南省中北部、青海省,西藏自治区和四川省甘孜藏族自治州。又划分为黔东湘西高原山区单、双季稻亚区(III_1)、滇川高原岭谷单季稻两熟亚区(III_2)和青藏高寒河谷单季稻亚区(III_3)。本区稻作面积约占全国稻作面积的 6%。该区≥10℃积温 2 900~8 000℃,水稻垂直分布带差异明显,低海拔地区为籼稻,高海拔地区为粳稻,中间地带为籼粳稻交错分布区。水稻生产季节 180~260 天,年降水量 500~1 400 毫米。

2. 华中单双季稻稻作区

本区位于南岭以北和秦岭以南,包括江苏、上海、浙江、安徽的中南部、江西、湖南、湖北、重庆和四川(除甘孜藏族自治州外)9 省、直辖市,以及陕西和河南两省的南部。其下划分为长江中下游平原单、双季稻亚区（Ⅱ₁）、川陕盆地单季稻两熟亚区（Ⅱ₂）和江南丘陵平原双季稻亚区（Ⅱ₃）。本区稻作面积约占全国稻作总面积的 59%，其中江汉平原、洞庭湖平原、鄱阳湖平原、皖中平原、太湖平原和里下河平原等地，历来都是我国著名的稻米产区。本区≥10℃积温 4 500～6 500℃，水稻生产季节 210～260 天，年降水量 700～1 600 毫米。早稻品种多为常规籼稻或籼型杂交稻，中稻多为籼型杂交稻，连作晚稻和单季晚稻为籼、粳型杂交稻或常规粳稻。

3. 华北单季稻稻作区

本区位于秦岭、淮河以北，长城以南，包括北京、天津、河北、山东和山西等省、直辖市及河南省北部、安徽省淮河以北、陕西省中北部、甘肃省兰州以东地区。其下划分为华北北部平原中早熟亚区（Ⅳ₁）和黄淮平原丘陵中晚熟亚区（Ⅳ₂）。稻作面积约占全国稻作面积的 3%。本区≥10℃积温 4 000～5 000℃，无霜期 170～230天，年降水量 580～1 000 毫米，降水量年际间和季节间分配不均，冬、春季干旱，夏、秋季雨量集中。品种以粳稻为主。

4. 华南双季稻稻作区

本区位于南岭以南，包括广东、广西、福建、海南和台湾 5 省、自治区。其中包括闽、粤、桂、台平原丘陵双季稻亚区（Ⅰ₁）、滇南河谷盆地单季稻稻作亚区（Ⅰ₂）和琼雷台地平原双季稻多熟亚区（Ⅰ₃）。本区≥10℃积温 5 800～9 300℃，水稻生产季节 260～365天，年降水量 1 300～1 500 毫米。本区稻作面积居全国第二位，不包括台湾省，约占全国稻作总面积的 22%，品种以籼稻为主，山区也有粳稻分布。

5. 东北早熟单季稻稻作区

本区位于黑龙江省以南和长城以北，包括辽宁省、吉林省、黑龙江省和内蒙古自治区东部。其下划分为黑吉平原河谷特早熟亚区（Ⅴ₁）和辽河沿海平原早熟亚区（Ⅴ₂）。稻作面积约占全国稻作面积的 9%。本区≥10℃积温 2 000～3 700℃，年降水量 350～1 100 毫米。稻作期一般在 4 月中下旬或 5～10 月上旬。品种类型为粳稻。

6. 西北干燥区单季稻稻作区

本区位于大兴安岭以西，长城、祁连山与青藏高原以北地区，包括新疆维吾尔自治区、宁夏回族自治区、甘肃省西北部、内蒙古自治区西部和山西省大部。其下划分为北疆盆地早熟亚区（Ⅵ₁）、南疆盆地中熟亚区（Ⅵ₂）和甘宁晋蒙高原早中熟亚区（Ⅵ₃）。稻作面积约占全国稻作面积的 1%。本区≥10℃积温 2 000～4 500℃，无霜期 100～230 天，年降水量 50～600 毫米，大部地区气候干旱，光能资源丰富。主要种植早熟粳稻。

第三节　水稻的生长发育

一、水稻的一生

栽培上通常将稻种萌发到新种子成熟的生长发育过程，称为水稻的一生(图 2—2)。水稻一生可划分为营养生长期和生殖生长期两个阶段。种子发芽，分蘖，根、茎、叶的生长，称为营养生长；幼穗分化，稻穗形成，抽穗、开花，灌浆结实，称为生殖生长。

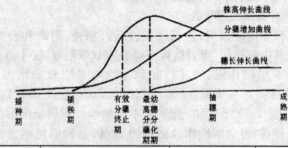

幼苗期	秧田分蘖期	分蘖期			幼穗发育期			开花结实期		
秧田期		返青期	有效分蘖期	无效分蘖期	分化期	形成期	完成期	乳熟期	蜡熟期	完熟期
营养生长期					营养生长与生殖生长并进期			生殖生长期		
		穗数决定阶段			穗数巩固阶段					
		粒数奠定阶段			粒数决定阶段					
					粒重奠定阶段			粒重决定阶段		

图 2—2　水稻生长发育过程与生育期

二、水稻的营养生长与生殖生长

1. 营养生长

包括苗期和分蘖期。从种子萌动开始至三叶期,称幼苗期(图2—3)。随着幼苗的生长,谷粒中的胚乳逐渐消耗,至三叶期末胚乳基本耗尽,此时称为断奶期;此后秧苗由异养阶段转入自养阶段。从第四叶出生开始分蘖,直至拔节分蘖停止,称为分蘖期。稀播秧苗可在秧田发生分蘖,密播的则很少在秧田发生分蘖。秧苗移栽后至秧苗恢复生长时,称为返青期。返青后分蘖发生,至能抽穗结实的分蘖停止时,称有效分蘖期。此后所发生的分蘖一般不能成穗,故从有效分蘖停止发生至拔节分蘖停止时称无效分蘖期。在生产上要求在无效分蘖期中发生的分蘖数越少越好。营养生长期中,叶片的增多、分蘖的增加、根系的增长,可为生殖生长积累必需的营养物质。

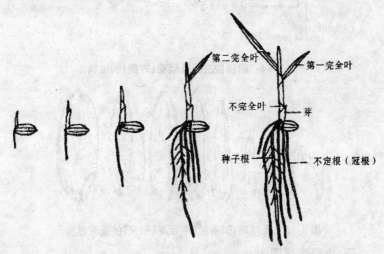

第二完全叶
第一完全叶
不完全叶
芽
种子根
不定根(冠根)

图2—3　水稻种子萌发与幼苗生长

2. 生殖生长

包括稻穗分化形成的长穗期和灌浆结实期。长穗期是从幼穗分化开始至抽穗前为止。此期经历的时间较为稳定，为 30 天左右。灌浆结实期又可分为抽穗扬花期、乳熟期、蜡熟期和完熟期。灌浆结实期所经历的时间，因当时的气温和品种特性而异，一般为 25～50 天，早稻偏短，晚稻偏长。图 2－4 为稻穗及颖花的结构示意图，图 2－5 为受精颖花中颖果的发育过程示意图。

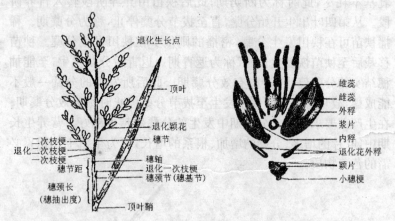

图 2－4　稻穗(左图)及颖花(右图)的结构

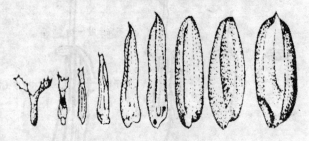

图 2－5　受精颖花(谷粒)中颖果(稻米)的发育过程

三、水稻生育期

水稻从播种至成熟的天数称为全生育期，其中从移栽至成熟称大田(本田)生育期。水稻生育期随其生长季节的温度、日照长短的变化而变化。同一品种在同一地区，在适时播种和适时移栽

的条件下,其生育期是相对稳定的,它是品种固有的遗传特性。表
2—2为华中稻区单、双季稻的生育期。

表2—2　华中稻区水稻生育期

品种类型		全生育期(天)	播种期(月·旬)	抽穗期(月·旬)	成熟期(月·旬)
早稻	早熟	115左右	3/下～4/初	6/中	7/中
	中熟	120左右	3/下～4/初	6/中下	7/中下
	迟熟	125左右	3/下～4/初	6/下～7/上	7/下～8/初
晚稻	早熟	110～115	7/初	9/上	10/中
	中熟	120左右	6/下	9/中	10/中
	迟熟	135～140	6/下	9/中下	10/下～11/上
一季中稻		130～140	4/上～4/下	7/下	8/中下
一季晚稻		150～160	5/上～5/下	9/下	10/中下

第四节　杂交水稻繁殖制种原理与技术

一、杂交水稻繁制种基地及季节的选择

1. 杂交水稻繁制种基地选择

首先,要求水源方便,土壤肥沃,阳光充足,不能用冷浸田、山
阴田和改土田。其次,要求隔离条件好。隔离是杂交水稻制种的
必备条件之一。杂交水稻繁制种是通过异花授粉产生种子。水稻
花粉可随风远距离传播,造成生物学混杂。此外,要求病虫害少,
无检疫性病虫害。

2. 最佳抽穗扬花期的安排

各地应根据不同的自然条件和气候特点,以及具体组合的生长
发育特性,做出合理的安排。籼型杂交水稻繁制种,抽穗扬花理想的
气象条件是:日平均气温24～30℃,开花时气温22.8～32℃,空气相
对湿度70%～90%,白天无连续3日雨,无风或有微风。抽穗扬花期
如遇到平均气温23℃以下的低温或36℃以上的高温,开花时遇阴雨
连绵或大风干燥天气,都会使小花闭颖不开或推迟扬花时间,降低繁
制种产量。粳型三系杂交水稻繁制种开花适宜的日平均气温为23～
30℃,下限温度为18～20℃,略低于籼稻。

　　杂交水稻繁制种依据适宜花期倒推父母本播种期。因季节不同,可分为春繁、春制,夏繁、夏制,秋繁、秋制和冬繁、冬制。根据播种的地点不同又可以把繁制种分为本地繁制种和异地繁制种。根据播种方式的不同,可以分为育秧移栽繁制种和直播繁制种。另外,还可以进行杂交水稻的再生繁制种。

　　(1)春繁、春制。杂交水稻繁制种安排在春季播种,就称为春繁、春制。春繁、春制适宜广东省、广西壮族自治区和长江中下游诸省,把抽穗扬花的时段选择在6月底至7月初。目前在这些地区春繁、春制的主要是一些不感光的早籼类型亲本和组合,具体是早籼不育系和早杂组合,以及晚杂早熟组合。

　　(2)夏繁、夏制。在夏季安排播种的杂交水稻亲本繁殖和组合制种,统称为夏繁、夏制。夏制由于是单季,时间充裕,没有前茬作物影响,隔离条件相对好些。繁制种纯度高。抽穗扬花季节一般定在7月底至8月上中旬。夏繁、夏制适合所有不育系繁殖和早、中、晚稻的杂交组合制种。

　　(3)秋繁、秋制。秋繁、秋制通常是指夏末播种,秋季抽穗扬花的亲本繁殖和组合制种。一般早中熟亲本、早稻组合和晚稻早中熟组合可安排秋繁、秋制,晚稻迟熟组合不宜秋制。秋繁、秋制是在前茬作物收获后,再安排一季繁制种的耕作形式,成本较低,经济效益较高。湖南省南部地区、江西省的南部地区适宜秋繁、秋制。

　　(4)冬繁、冬制。杂交水稻的冬繁、冬制具体是指在海南岛进行的异地繁制。海南省并不都适宜冬繁、冬制,仅海南省的南端(具体是指陵水县以南地区)才具备冬繁、冬制的气候条件。海南省冬繁最适宜抽穗扬花的时间是在3月底至4月上旬。

　　(5)再生繁制种。杂交水稻的再生繁制种,是借鉴水稻再生的技术和原理,在不影响前季繁制种产量的前提下,利用父母本水稻茬上休眠芽所抽发的再生苗作亲本,在后季继续生产杂交种子的一种方法。杂交水稻再生繁制种产量每 667 米^2(1 亩地)能够达到 75 千克以上。

　　(6)母本直播繁制种。母本直播繁制种,就是不通过育秧和移栽等技术环节,直接将母本种子播在已经整好的繁种田或栽好父本(恢复系)的制种田中,称之为杂交水稻母本直播繁制种。母本直播与育秧移栽相比,省掉了一些技术环节,但群体建成和产量构成等与移栽繁制种高产栽培的方法和内容基本一致。

二、杂交水稻繁制种纯度的保障技术

1.三系杂交水稻防杂保纯技术

三系杂交水稻种子的纯度直接影响杂种优势的发挥。在杂交水稻和不育系中,混杂的各种类型的育性分离株(半不育株,变异株)、大青棵(冬不老)都是生物学混杂的结果。因此,在整个繁殖制种过程中,必须认真落实防杂保纯措施。

(1)严格隔离

1)空间隔离:空间隔离即利用空间距离进行隔离。隔离的距离一般山区丘陵地区制种田要求在 50 米以上,繁种田 500 米以上;平原田区,制种田要求至少 100 米以上,繁种田要求 1 000 米以上。在这个范围内不能种有同期抽穗扬花的其他水稻品种。

2)时间隔离:时间隔离就是把繁制种田的父母本抽穗期与其他水稻品种的抽穗扬花期错开。利用时间隔离,与繁制种田周围其他水稻品种的抽穗扬花期错开时间应在 20 天以上。

3)父本隔离:父本隔离即将繁制种田四周隔离区范围内的田块都种植与繁制种田父本相同的父本品种。这样既能起到隔离作用,又增加了父本花粉的来源。用此法隔离,父本种子必须纯度高。

4)障碍隔离:障碍隔离即利用地形、地物等,如房屋等建筑物、山坡、树林、高秆作物(如甘蔗、玉米、红麻、高粱、果树、桑树)等自然(作物)障碍进行隔离。障碍物的高度应在 2 米以上,距离不少于 30 米。

(2)严格繁制种的田间去杂

1)不同生育阶段的去杂:

一是苗期。苗期的去杂工作应该从秧田开始,一般秧田要求去杂 1~2 次。主要从植株茎的颜色、叶鞘的颜色以及秧苗的生长速度仔细判断,不属于正常颜色的应当拔除。同时,有些分蘖力特强、叶片宽大、从苗期开始生长一直领先的徒长植株,可能是一些

串粉异交产生的杂株,也要拔除。

二是孕穗期。该时期清除的对象是父母本中的混杂株、分离株和再生稻等。判断的标准是父母本植株的发育速度、株型紧散程度和叶片形状、叶色深浅等。

三是始穗期。始穗期是去杂的关键时期,一定要在开花散粉之前将杂株及时拔除。清除的对象主要是保持系、未彻底去尽的混杂株及半不育株、低不育株。保持系一般比不育株早2～4天抽穗,应抢在母本见穗之前,每天清除1～2次。

四是盛花期。辨认的特征是亲本的包颈程度、颖尖颜色、芒的有无、花药形状、穗粒形状、抽穗的迟早等。每天上午10时前,抢在母本未开花授粉前,把保持株再一次细致地清除干净。如果在去杂前,母本及杂株都已经散粉,应将杂株周围4株母本同时除去。总之,杂株应尽可能抢在始穗前彻底清除。

五是成熟期。经苗期、孕穗期、始穗期和盛花期的去杂,仍难免有漏网的杂株。因此,在收割之前还要分别逐行检查母本,凡不符合正常品种特征的杂株,应下决心割掉,带出田外做杂谷处理,在收获前还要组织力量逐行逐丘逐户验收,合格后方可收割。

六是收获期。制种田的父母本应分别收割。收割时严防父本谷粒及穗子带入母本内。

2)严防机械混杂:在整个制种过程中都要严格遵守技术操作规程,防止机械混杂,不论是不育系、保持系或恢复系,还是浸种、催芽、播种、拔秧、插秧等环节,都要有专人负责,分开进行。尤其是收割这一关,是最容易造成机械混杂的一个环节,要特别细心,要绝对做到单收、单运、单晒、单藏。收割所用的一切工具都要严格清理干净,晒场、风车、包装袋内外都要有标签,写明组合名称,层层把好防杂保纯关。

2. 两系杂交水稻种子保纯技术

(1)影响两系杂交水稻种子纯度的因素

1)不育系育性转换起点温度的高低:实用型光温敏不育系的育性转换起点温度应低于23.5℃。目前应用的培矮64S等光温敏核不育系,起点温度为23.5～24℃。杂交种子纯度基本得以保证。

2)收获过迟:不育系迟发高位分蘖穗和再生穗的出现均会造成自交结实现象。

3)制种基地局部冷浸水导致不育系育性波动:在两系杂交水稻制种基地中,难免有部分山沟冷浸水、洼田冷浸水、水库低层水和井水等田块,温度往往低于24℃,易造成制种田局部的不育系不育性波动,出现自交结实现象。

(2)保证两系杂交水稻种子纯度的措施。根据影响两系杂交水稻种子纯度的因素,为了保证两系杂交水稻纯度,除了采用三系杂交水稻制种的防杂保纯技术措施外,还应重点做好以下几个措施。

1)坚持用原种或良种作制种亲本:两系杂交水稻的亲本,主要是不育系,其育性的表达受光温生态条件控制,且随着繁殖代数的增加,导致不育系育性转换起点温度易发生改变。因此,要坚持用原种或良种制种。

2)制种田的除杂:两系制种田母本除杂难度较三系制种大,主要体现在杂株的识别上。母本群体内可能存在株叶形态方面的变异株,也可能有育性方面的变异株:一株内的穗间,一穗内的不同部位颖花也可能因发育期间的气温变化而存在育性差异,这些差异有可能只在抽穗开花期1天或2天内表现,容易被人忽视,必须不断识别与清除。

3)种子纯度种植鉴定:种子收购时要分户取样,及时去海南进行纯度的种植鉴定。根据株高、抽穗特性、生育期、株叶形态、穗型、粒型、稃尖颜色和结实率等,并以杂交种的亲本做对照,逐株检查,将混入的杂株、父本株、异品种、变异株和大青棵等分别记载,然后统计分析,计算杂交种子的纯度。根据国家标准,纯度98%以上为一级种子,纯度96%~98%为二级种子,纯度96%以下为不合格种子,不能用于生产。

三、杂交水稻繁制种基本栽培技术

1. 育苗移栽

(1)培育壮秧。壮秧的标准是矮壮、扁蒲、分蘖多,叶挺、叶色浓绿、叶面积大、叶绿素含量高、光合作用强,根多而白,根系发达,利于养分的吸收,生长健扑,抗逆力强。

(2)父母本移栽格式。繁制种田父母本移栽格式的变化主要是父本栽插变化。一般可分为3种(图2—6)即单行、小双行和大双行。

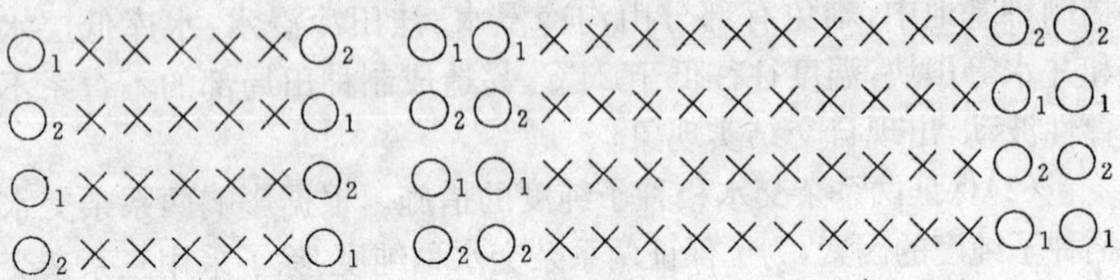

A. 单行父本

B. 双行父本

图2—6 父本移栽格式

○父本;×母本

单行就是每厢只栽1行父本,父母本的间距较为稳定,一般是23.3~26.7厘米,其余均栽母本;小双行每厢栽2行父本,父本行距很窄,一般只有13.3~16.6厘米,父本呈三角形栽插;大双行每厢栽2行父本,父本间距较宽,一般是26.7~40厘米,2行父本之间往往作为田间管理的走道。

(3)父母本移栽行向。据湖南省试验,东西行向比南北行向异交结实率提高2.9%,单产增加7.4%。

(4)移栽质量。插秧质量对于秧苗返青快慢、父母本之间能否协调生长,都有密切的关系。

2. 父母本行比和合理密植

(1)适宜的父母本行比。父母本行比是繁制种田中父本与母本种植的行数比例。母本行比越大,表示母本占地比例越多。行比过大,尽管母本穗数增加,但因父本花粉量不足,而影响母本异交结实率,最终影响产量提高;行比过小,尽管父本花粉量充足,但母本穗数不足,即使结实率较高,产量仍然不高。

在杂交水稻的发展初期,繁殖制种一般采用小行比1∶3或2∶3;中期扩大至1∶6~8或2∶10~12;目前生产上使用的行比,繁殖田为1∶6~8或2∶8~12,制种田为1∶8~14或2∶12~18。

(2)移栽密度和本数

1)父本密度和本数:一般播始历期长、分蘖力强和生长旺盛的父本插秧密度稀些,株距以23厘米为宜,单本播;播始历期中等或中偏长、分蘖力中等的父本,株距以20厘米为好,单本插;播始历期短、分蘖力偏弱的父本,栽插密度应高些,每丛插2～3本。二期父本的种植比例一般是父$_1$和父$_2$各占50%;如采用三期父本,父$_1$∶父$_2$∶父$_3$的种植比例一般为1∶2∶1。

2)母本移栽密度和本数:当前生产上使用的不育系大多数营养生长期和播始历期较短,在一定范围内,适当提高插秧密度和本数具有明显的增穗增产作用。据试验,珍汕97A的插秧密度以16.5厘米×10厘米最高,高于或低于这一密度时,产量都不理想。生育期较短的母本种植密度以13.5厘米×13.5厘米或16.5厘米×10厘米为宜;但对于营养生长期较长的不育系(Ⅱ32A等)应适当放宽移栽密度的要求,一般以16.5厘米×16.5厘米或20厘米×13.5厘米为宜。具体栽插本数因各地气候条件、地理位置及栽培水平不同而有差异,浙江省,一般插2本,四川、湖南等省一般插2～5本。

3. 水肥管理

杂交水稻繁制种高产栽培是以壮秧、早发、足穗、多穗和增粒为中心,其中壮秧为前提,早发足苗是基础。在整个本田期采用的施肥原则为前促、中控、后补,氮、磷、钾肥配合施用。水浆管理为前期浅水勤灌,中期搁田裂细缝,后期湿润灌溉不断水。

(1)秧田期管理

1)水分管理:一般父母本种子播种后至三叶期前,应保持半旱秧板,即沟中有水,畦面湿润不积水,以利于通气、促发新根、扎根立苗。三叶期以后至拔秧前7～8天,以湿润为主的浅水灌溉促分蘖,不宜灌深水"护秧"抑制秧苗分蘖,直至拔秧前5～7天再灌水上秧板,以后不断水,以期拔秧时减少秧苗植伤。

2)施肥技术:秧田施肥是为了提高秧苗体内养分的积累,促进早发多分蘖,并为移栽后不落苗、早返青打下营养物质基础。当秧苗长至三叶时,应视秧田肥力和底肥情况,巧施断奶肥,每667米^{2}可施1∶3的稀释人(畜)粪尿250千克。重施促蘖肥,一般父母本秧田每 667 米² 施用尿素 8～10 千克。移栽前 3～5 天施好起身肥,每 667 米² 施用尿素 4～6 千克。

(2)分蘖期管理。繁制种田分蘖阶段的管理必须着眼于快攻快促,主攻目标是促使父母本稳生健长,早生快发,力争在规定时间内搭好高产苗架。在母本移栽后 15 天内要使父母本发足有效苗穗数,父本达到 120～150 穗/米²,母本达到 300 穗/米² 以上。

1)施足基肥:繁制种大田每 667 米² 可将 1 000～1 333 千克腐熟有机肥(猪栏肥等),翻耕入土作基肥。无论哪个季节繁制种,在父本移栽前 1 天排水、开沟,每 667 米² 深施 10 千克腐熟菜饼、10 千克过磷酸钙、10 千克碳酸氢铵和 1.7 千克氯化钾作基肥,然后灌水。如早夏季繁制种田每 667 米² 随即施用碳酸氢铵、过磷酸钙各 44 千克,氯化钾 10 千克用作叶面肥,1～2 天后移栽母本。

2)早施追肥:一般情况下分蘖肥要早施、重施,要求在父母本移栽成活后 4～5 天内,每 667 米² 追施 1 次尿素约 12 千克。搁田前父本以塞秧根方式增施 1～2 次球肥,每 667 米² 用尿素、过磷酸钙各 3 千克,氯化钾 2 千克加湿泥土 10～30 千克制成球肥。

3)水分管理:分蘖阶段的水浆管理,总体掌握浅水勤灌、干湿交替原则。以促进早发、多发。对于保水保肥性好、土壤通气性差的大泥田或冷浸田,移栽后即要排水晒田,以便通气增温,促进根系生长,达到以根促蘖的目的。

(3)拔节孕穗期管理。当父母本即将从营养生长转入生殖生长期时,即分蘖末期到拔节初期,应采取以水调肥进行排水,适度搁田,以利于根系深扎,壮秆健身,控蘖保穗,提高成穗率。

1)适时适度搁田:搁田的时间,根据“时到不等苗,苗到不等时”的原则来确定。一般是母本倒四叶露尖即开始排水搁田,早夏季繁制种田大致在 6 月 15 日前后开始,历时 7 天左右,搁田要适度。搁田后及时复水。一般要求在幼穗分化三期以前全面水,以后保持水层 10～13 厘米。

2)施好保花增粒肥:保花肥的施用时间以幼穗分化 4～5 期为宜。每 667 米² 施尿素 3～6 千克。在 6～8 叶期,叶面喷施

0.2%～0.5%磷酸二氢钾及 0.2%～0.3%硼肥 2～3 次,为提高结实率和增加粒重打好营养物质基础。

(4)抽穗成熟期管理。当父母本进入抽穗扬花期,田间管理措施应以提高异交结实率为中心。主要是采取养根、保叶、防早衰措施,达到争粒、争重、夺高产的目的。

1)水分管理:在父母本抽穗扬花期,田间要保持 4～5 厘米的水层;灌浆期要薄水灌溉,适当露田,以增强根系活力;蜡、黄熟期切忌断水过早,要满足籽粒对水分的要求,以养根保叶,防止植株缺水早衰。在整个抽穗灌浆成熟阶段,无论是遇上高温或低温,都要保持土壤湿润,以利于灌浆后籽粒饱满,增加粒重。

2)根外追肥:在抽穗期可以结合喷施九二〇等激素,叶面喷施多种营养元素,对提高异交结实率和产量有明显效果。

四、两系杂交水稻繁制种技术

两系杂交水稻制种,是指利用光温敏两用核不育系作母本生产异交结实种子的过程。两用核不育系作为制种母本时,其异交性能与三系制种的不育系作母本基本一致。因此,两系法制种与三系法制种原理与技术基本一样。

两者的差别主要在于两用核不育系母本在生长发育到第二次枝梗分化至花粉母细胞减数分裂期需要不育转换条件,这给花期的选择增加了制约因素,可选择的繁制种季节受到限制,在技术措施上产生一定程度的变化,技术复杂性有所增加,制种难度相应加大。在制种技术上,除了遵循上述三系繁制种技术原理外,还要重点抓好如下几方面技术环节。

1. 生态环境要求

两系不育系的不育性既受细胞核不育基因的控制,又受环境条件的影响。不育性只有在一定的温光条件下才能表达。因此,在制种生态条件选择上,既要选择一个最佳扬花授粉期,又要选择一个安全的稳定不育期。长江流域各省一般在 7 月下旬至 9 月上旬有一个稳定不育期,安排抽穗扬花期在 8 月上旬至中旬为宜。具体要求如下。

（1）安全的育性转换期。安全的育性转换期应包括两个方面：一是在育性转换敏感期，日平均气温必须高于25℃，光照长度必须长于14小时，从而保证母本的育性安全转为不育；二是在制种基地选择上，应选阳光充足，排灌方便，土壤性能好，无冷浸水的田地制种。

（2）安全的扬花授粉期。安全的扬花授粉期应包括三个方面的条件：①扬花授粉期应多为晴朗天气，开夜时段无3天以上的连续阴雨；②日平均气温26～32℃，无连续3天以上高于36℃或低于24℃的温度；③空气相对湿度80％～90％，无连续3天以上高于95％或低于75％。

（3）播种期的确定。始穗期的确定应服从于上述两个"安全期"，在两个"安全期"确定好之后，再根据父母本的生育期长度来逆推父母本播种期。

2. 严格选择制种基地

两系制种由于其母本具有两个"安全期"的特殊性，在选择制种区域（基地）时，除了要考虑制种区域的环境条件外，还应考虑它的地理位置。区域的地理位置主要是指它的纬度和海拔。一般讲，在同一季节，温敏型两用核不育系不宜在高海拔地区制种。由于高海拔地区温度变化快，昼夜温差大，对不育系的育性稳定不利，光敏型两用核不育系不宜在低纬度地区制种。而不论是温敏型还是光敏型的两用核不育系都不宜选择在山区有冷水田的地方制种，否则，种子质量难以保证。

两系杂交稻制种要做到"三防"、"四佳"。"三防"为：一防敏感期低温。制种基地抽穗前10～20天历年日平均气温不低于24℃。最低温度不能低于20℃。二防敏感期冷灌。制种基地抽穗前10～20天不能用20℃左右冷水灌溉。三防花期高温。制种基地花期日平均气温不高于35℃，最高温应不能高于38℃。"四佳"为：一是最佳地区。两系制种区域宜在丘陵山区、低丘平原和滨湖，丘陵山区优于平原。二是最佳海拔。海拔250～350米的区域为两系杂交稻制种的适宜区域（山区例外）。三是最佳季节。以7月下旬至8月下旬可安排抽穗扬花期。四是最佳时段。既能保证敏感期稳

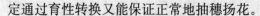

定通过育性转换又能保证正常地抽穗扬花。

3. 两用核不育系不育性转换的观察

对母本育性转换规律观察,常用的方法就是分期播种,然后观察自交结实率和对花粉镜检。分期播种的具体措施是:从早稻播种期开始,每隔7～10天播一批种子(约100株),分批移栽,待第一批抽穗后分批进行花粉镜检、套袋,计算花粉的育性情况,并调查不育株及自交不结实率,考虑到年度间的光温条件有变化,分期播种一般需进行2年,然后根据2年结果选出不育系育性最稳定的时段,相对应的这些播种期及抽穗期就可用来作制种的参考。选择并确定其中育性转换明显,自交不育株率100%,不育度达到99.5%以上,稳定不育期30天以上的两用核不育系,才能作为当地两系制种的母本使用。这是获得两系制种成功,保证 F_1 代种子纯度的前提。

五、花期相遇技术

1. 花期相遇的标准与花期预测

(1)花期相遇的标准。理想的花期相遇要求"始花有粉,盛花足粉,终花仍有粉"。虽然不同组合的花期相遇标准由于亲本的开花习性、花期历时、异交性能和繁制种季别等方面的差异而有所不同,但是都有一个共同点,就是要求父母本盛花期相遇的程度越高越好。确保父母本花期相遇是高产或超高产繁制种的必要技术措施。

(2)花期预测。花期预测的目的就是尽可能提早知道父母本是否能同期始穗,是为能够正确指导花期调节和采取有效花期调节措施服务。花期预测的方法很多,有叶龄对应法、叶龄余数法、幼穗剥查法、双零叶法、葫芦叶法、叶龄指数法、回归方程法和坐标图像法等。其中叶龄对应法、叶龄余数法、幼穗剥查法既准确可靠,又方便,实际应用较多。

1)叶龄对应法:把当年父母本叶龄和对应叶龄的历史资料进行比较。若当时叶龄比历史同期记载叶龄明显偏大或偏小,那么,就可能花期不遇。

2)叶龄余数法:根据父母本进入生殖生长阶段后的最后几片

叶片的出叶速度和叶片余数与幼穗分化各期及始穗期相对恒定的特性来预测和判断花期的方法。用叶片数为基础反映幼穗分化，以叶龄余数最准确，它受品种、栽培、年份影响较小。叶龄余数就是用主茎总叶片数减去已经长出的叶片数。即：

$$叶龄余数＝主茎总叶数－伸出叶片数$$

首先，要根据外观特征和总叶片数判断出父母本的叶龄余数，再根据它与幼穗分化各期对应关系判断出幼穗分化状态，然后再根据所处幼穗分化时期推算父母本能否同时始穗。一般父母本叶龄余数与幼穗分化各期的对应关系如表 2－3 所示。比较直观地表示了最后几片叶与幼穗发育至抽穗的时间关系。

表 2－3　叶龄余数与幼穗分化的关系

幼穗分化时期	叶龄余数
Ⅰ.第一苞分化期(看不见)	3.5～3.1
Ⅱ.一次枝梗分化期(毛即现)	3.0～2.5
Ⅲ.二次枝梗及颖花分化期(毛丛丛)	2.4～1.9
Ⅳ.雌雄蕊分化期(粒粒现)	1.8～1.4
Ⅴ.花粉母细胞形成期(颖壳分)	1.3～0.8
Ⅵ.花粉母细胞减数分裂(叶枕平)	0.7～0.2

3)幼穗剥查法:同一品种幼穗分化历期是相当稳定的,用它作为衡量父母本的对应关系和抽穗期是比较可靠的。这种方法不足之处是时间较迟,一般生产上在幼穗分化到 2～3 期以后才预测得比较准确,这时采取花期调节措施,已错过最佳时机,影响调节效果。幼穗分化的 8 个时期为:一期看不见(水泡现),二期毛即现(白毛尖),三期毛丛丛,四期粒粒现(1 厘米),五期颖壳分(3 厘米),六期叶枕平,七期转绿色(穗定型),八期穗即出(伸)。大部分不育系的幼穗分化历斯为 26～29 天,个别的 32～33 天(Ⅱ32A);恢复系的幼穗分化历期 28～33 天。同一亲本的幼穗分化历期及各期的天数相对稳定。因此,只要熟悉和掌握不同亲本的幼穗分化历期及 8 个时期的历时就可预测其始穗期。

4)判断父母本幼穗分化进度的对应关系;不同的繁制种组合,

不同的预测检查时期,父母本幼穗分化进度的对应关系也不同。判断方法有以下两种。第一种是分化进度的对应分析,一般而言,像汕优63这种父本叶片比母本多4叶左右的组合,父本分化历期较长,母本幼穗分化三期前,父本要早1~2期;母本幼穗分化的四期、五期、六期,父本早0.5~1期,母本幼穗分化的七期、八期与父本分化同期或相近,花期就能相遇;若父母本总叶片数相当的组合,那么各期进度要基本一致;若父本比母本多2叶左右的情况下,对应关系一般则介于两者之间。第二种是根据以往的研究,查明父母本各个分化时期到始穗的天数,来判断发育关系是否对应。

2. 花期调节

花期调节概括地说,就是利用多种栽培措施,保证花期相遇的一种方法。根据父母本生育进程,一般可分为营养生长期调节和生殖生长期调节。营养生长期调节,又可分为秧苗期调节、移栽期调节、分蘖期调节、圆秆至拔节初期(幼穗分化前)调节,生殖生长期调节可分为幼穗分化前期(幼穗分化1~3期)调节、幼穗分化中期(幼穗分化4~5期)调节、孕穗期调节和抽穗扬花期调节等时段。一般而言,营养生长期,调节措施多、效果好;生殖生长期调节措施少、效果较差。

(1)秧田期调节。如当年早播亲本播种后较常年出叶速度明显偏快或偏慢,分蘖数明显偏多或偏少,那么,播种期就要做适当"调整"。常用的秧田期调节方法有叶龄差法、时差法、积温差法和分蘖速度法等。生产上一般是几种方法综合使用,不同条件下使用的方法稍有差异。对一般大田制种,使用最普遍的是叶龄差法和时差法结合考虑,并对早播亲本的分蘖速度加以校正;而对新组合试制,用积温差定大方向,再考虑计时差也较常用。

大体4种类型需调整:①分蘖数偏多,出叶速度偏快,则叶差和时差都应适当缩小。②秧苗出叶速度偏快,而分蘖数偏少,则叶差适当增大,时差略减少。③秧苗分蘖数偏多,而出叶速度偏慢,则叶差适当减少,时差相对增大。④秧苗分蘖数较少,出叶速度也偏慢,则叶差和时差都应适当增大。

（2）移栽期调节。在移栽前,若预测到父母本花期可能有偏差,迟播亲本可通过改变秧龄、移栽密度、本数及方式等措施加以辅助调节。

1）秧龄调整:据研究,在一定范围内,父母本播始历期随秧龄延长而延长。珍汕97A和D汕A等不育系的秧龄在20～34天范围内,秧龄每延长4天,播始历期约延长1天;Ⅱ32A秧龄每延长5天,播始历期延长1天。因此,当父本偏早时,可对母本适当缩短秧龄,提早移栽;反之,适当延长秧龄;推迟移栽。

2）调整密度和本数:对生长偏早的亲本适当放宽密度和减少插秧本数,以延迟抽穗;反之,则适当提高移栽密度和增加本数,以提早抽穗,一般可调节1～4天。

3. 分蘖期调节

从父母本移栽后至幼穗分化前这一阶段,历时40天左右,这段时期内,利用叶龄对应法预测父母本生育动态变化,两者是否同步协调。如果发现不同步,可采取以下措施。

（1）在移栽后15天内,可用肥料调节法结合搭苗架,适当调整氮、磷、钾肥料种类的比例,分别作为父母本的分蘖肥追施,促使两者同步生长。

（2）若在移栽15天以后预测到父本偏快的田块,则可根据亲本对水分敏感性差异的特性,采用水促早控和氮控、磷、钾促的方法,结合母本的正常晒田来控制该父本的生育进程;同时,每667米² 对父本偏施氮肥(尿素)5～10千克,效果明显,一般可推迟;3～4天始穗。

4. 分蘖末(圆秆)期至拔节初期调节

此阶段是父母本营养生长转入生殖生长的过渡时期,也是对外界环境营养条件反应最敏感的时期,历时5～7天。主要采用旱控水促和氮控、磷、钾促结合使用的措施。具体使用方法同分蘖期,一般可调节2～4天。

5. 幼穗分化期调节

是指父母本进入幼穗分化至始穗期这个阶段,一般历时25～

35 天。此时的调节措施只能起到微调和补救的作用,这个阶段适合运用叶龄余数法和幼穗剥查法来预测父母本花期相遇情况。若在幼穗分化四期以前发现花期相遇不好,及时采用肥水调节法,还能起到一定的效果,但不太明显。若在幼穗分化四期以后发现花期相遇有差异,只能采用激素调节或机械损伤调节措施进行补救。

(1)九二〇调节。对偏慢亲本,在幼穗分化 6 期至 7 期末(即孕穗中后期),喷施 20 毫克/升的九二〇溶液,也可提早 1～2 天抽穗。在幼穗分化 4～6 期初时可提早抽穗 2 天左右,但易造成雌雄蕊退化或花药退化较严重,抽穗后经过 1～2 天才会开花。

(2)多效唑调节。在生产上除九二〇外,也有用多效唑调节花期,对偏早亲本于幼穗分化 4～5 期时,每 667 米^2 施用 15% 多效唑 100～200 克,兑水 50 升喷雾,可推迟 2～4 天。

6. 抽穗扬花期调节

抽穗扬花期父母本花期仍有差异,可采用外露柱头法来调节花期。也就是利用外露柱头接受花粉时间长的特点,采取一切栽培措施提高母本柱头外露率,延长柱头活力的方法。

由于母本柱头露出后,其活力一般可维持 3～4 天(即外露柱头有 3～4 天的授粉受精能力),这相当于调节花期 3～4 天。具体方法是:在正常喷施九二〇后,再每天每 667 米^2 用 1～2 克九二〇兑水 15 升喷施,以延长母本柱头活力,增加授粉概率,起到调节花期的作用。

六、亲本的播差期安排

1. 父本期数确定和播差安排

根据不育系抽穗比较分散,开花时间拖得比较长,而父本抽穗比较快,开花比较整齐集中的特点,目前生产上繁殖制种田的父本多为二期或三期播种,以使父母本盛花期相遇,从而提高繁制种产量。随着繁制种技术的不断提高和完善,许多繁制种地区和单位采用一期父本,来提高花粉密度,增加有效花粉量,达到增加异交结实和提高繁制种产量的目的。

2. 父母本的播差期安排

确定和安排好父母本播差期和播种期是杂交水稻繁制种花期

能否相遇的前提条件。当前,生产上大面积应用的"三系"杂交水稻的不育系、保持系绝大部分是早籼类型,恢复系大部分是早中稻类型。一般把父本先播种母本后播种称为顺播差;反之,称倒播差。常用方法如下。

(1)时差推算法。时差推算法是根据父母本历年分期播种的生育期资料推算出当地某个季节父母本播种至始穗(播始历期)相差的天数,确定为当地当年同一季节父母本播种的时间及相关的天数。

以播始历期相差的天数来确定父母本的播种差期,具有一定的可靠性,且方法简单,易于掌握。因此,生产上使用较广泛。但是生育期受气温变化的影响较大,在气温变化大的地区、季节应用时差推算法安排父母本的播种差期就会有较大的出入,往往会造成花期不遇。

(2)叶差推算法。叶差推算法是以父母本主茎总叶片数及其出叶速度为依据推算播差期的方法。主茎叶片数是杂交水稻三系亲本的生育特性之一。在正常的气候和栽培管理条件下,同一亲本在同一地区同一季节,不同年份的主茎叶片数是比较稳定的。一般早稻品种 11～14 叶,中稻品种 15～17 叶,晚稻品种 16～19 叶。应用叶差推算法来确定父母本的播差期,必须准确观察早播亲本的叶龄动态。父母本主茎总叶数及其出叶速度是水稻对温、光、水、肥、气等因素的综合反应,是一个综合指标,在不同条件下主茎总叶数相对比播始历期更稳定。

(3)积温差推算法。积温差推算法就是依据父母本播始历期有效积温的相对稳定性及其差异来确定播差期的方法。目前生产上应用的"三系"亲本大都是感温型品种,生育期长短受温度影响很大。同一品种虽然在不同年份、不同播种季节和不同地区会出现较大的生育期差异,但其生育期间的有效积温是相对稳定的。有效积温的计算公式为:

$$A = \sum (T - H - L)$$

式中:A 为某一生育阶段的有效积温(℃);T 为日平均气温值;H 为高于上限温度(27℃)的温度数;L 为下限温度值(12℃);$\sum$ 为

这一生育阶段从始日到终日的累计数。

例如,某亲本 3 月 28 日播种,3 月 29 日的日平均气温为 12℃,4 月 20 日的日平均气温为 23℃,5 月 18 日的日平均气温为 27℃,6 月 26 日的日平均气温为 31℃。则这 4 天的有效积温 $A=(12-0-12)+(23-0-12)+(27-0-12)+(31-4-12)=0+11+1+15+15=41(℃)$。在计算父母本播始历期有效积温时,一般播种当天不计算进去,从播种第二天开始计算,并把始穗当天的温度计算进去。

通常生产上把叶差法、时差法、温差法这三种方法有机地结合起来灵活运用,以确保父母本花期相遇。

七、提高异交结实率技术

要获得繁制种大面积高产,除选用柱头外露率高的不育系外,还必须采取各种综合配套措施,使母本尽可能多地接受父本的花粉,以提高异交结实率,提高产量。

1. 科学使用九二〇

随着繁制种技术的发展,各地对九二〇喷施技术不断进行研究,九二〇的作用机制和功效日趋明了,喷施技术有了很大改进。

(1)最佳喷施时期。九二〇适宜的施用时期是在抽穗 1%～40%时,其中最佳喷施时期在抽穗 15%～25%时,不育系品种之间略有差异。一天中,不同时间喷施九二〇对水稻植株的作用也是不同的。早晨至上午 9:30 以前喷施的效果好于下午 16:00 至傍晚的喷施效果。

(2)最佳施用剂量和次数。不育系不同,其最佳用量也有差异,每 667 米² 协青早 A 为 8～10 克,珍汕 97A 为 10～12 克,V20A 为 12～15 克,Ⅱ32A 为 16～18 克。各次的剂量,应视喷施的时间、次数、苗穗群体结构、天气状况而定。一般喷施 3 次,掌握前轻、中重、后补原则,第一次在母本抽穗 1%～10%时施用(即适宜喷施的初始期),用量占剂量的 15%～25%;第二次在抽穗 15%～25%时施用,这一次是关键,剂量一定要足,占总量的 50%～60%;第三次在抽穗 30%～40%时喷施,施用量占总量的 20%～30%。正常情况下不需喷施第四次，个别母本抽穗较分散的田块或花期不相遇（尤其是母本偏早）的田块可以喷施第四次。

每次喷施的浓度，要根据喷施工具、时间、天气状况灵活掌握。有条件的农户和单位最好使用超低量电动喷雾器，每次每 667 米^{2}兑水 1.5 升，在露水未干时喷施，以提高九二〇的黏附率和利用率。用常规喷雾器在高温干旱天气，早晨露水未干情况下喷施时，每 667 米^2 用水量 10～13.3 升；上午 8～9 时喷施，每 667 米^2 用水量 13.3～20 升，以保证穗层一定的湿度；如果是割叶后的下午 3～4 时喷，则每 667 米^2 用水量增加至 20～30 升。多云阴天喷施，则应适当减少用水量，以早晨 10 升、上午 13.3 升为宜。

2. 人工辅助授粉

赶粉（即人工辅助授粉）是提高父本花粉利用率一项经济有效的技术措施。以竹竿赶粉效果最好。一般竹竿长 3～4 米。赶粉时用手握竹竿中腰部，对准父本株高的 3/5～2/3 部位，轻推、重摇、快抖、慢回手，通过推、摇、抖，振出花粉，使花粉随着一排父本扇动的风力上扬飘至母本厢内，均匀散落在母本穗层颖花柱头上随机授粉。赶粉时应注意把握好着力部位和用力强度，做到既要使花粉高高弹起，又要避免损伤父本茎秆、叶片。同时，还要注意风力。风力大时轻些，风力小或无风时摇抖重些。

在始花期和终花期，一般每天赶粉 2～3 次；在盛花期每天赶粉 3～4 次，每次间隔时间 30 分钟左右。为了更好地利用花粉，可以采用隔行赶粉，以增加母本授粉概率。

3. 花时调节

繁制种母本由于生理上有缺陷，开花零星分散，对穗部温度、湿度和光照等条件反应敏感，往往开花时间比父本迟，父母本花时相遇概率低。根据父母本开花规律，进行花时调节可以提高异交结实率。除了喷施九二〇等激素能调节花期外，还有以下几个有效措施。

（1）抽穗扬花期灌深水。在父母本抽穗扬花期灌深水，人为地造成高温高湿的生态环境，具有调节田间温湿度，协调父母本花时的效果,尤其是高温低湿天气下效果更加明显。

(2)母本赶露水。由于父本开花时间早,母本开花时间迟,加上群体大,抽穗扬花期间叶面存积的露水多,大量热量用于水分蒸发,穗部温度回升慢,往往推迟开花时间。在晴天早上 7~8 时,用竹竿扎上一块塑料薄膜或一只编织袋赶掉母本穗层上的露水,可以降低湿度,提高穗部温度,促进母本提早开花。

(3)父本喷冷水。在高温干旱年份田间灌水较困难的情况下,傍晚全田喷冷水(井水)或早上用井水单喷父本,能起到调节父母本花时的作用。据试验及对制种农户的调查,此法可使父本延迟开花 30~45 分钟。

(4)减少授粉障碍。杂交水稻繁制种初期,为了改善母本异交性能,减少授粉障碍,一般采用人工割去母本剑叶的办法,来提高母本授粉概率。随着繁制种栽培技术的改进,母本异交结实率大幅度上升,对冠层叶片的功能要求也随之提高。因此,短剑叶、不割叶的定向栽培技术在全国各地逐渐得到应用和推广。一般田块剑叶较短可以不割叶。通常割叶时间比较固定,在母本抽穗 15%~30% 时割叶。一般以割去剑叶的 1/3 为宜,不能超过 1/2,否则易影响柱头外露率、异交结实率和千粒重。

第三章 小麦农艺工岗位职责与素质要求

第一节 小麦农艺工的岗位职责

一、小麦生产在粮食生产中的地位

小麦是世界主要粮食作物之一,种植面积居各种作物之首,全世界有 1/3 以上的人口以小麦为主粮。目前世界种植小麦面积最大的国家有中国、印度、俄罗斯和美国,单产高的国家是荷兰、英国、德国和法国。

在我国,小麦种植面积和总产量均占全国粮食作物的 25% 左右,仅次于水稻而居第二位。目前,我国每年的小麦面积稳定在 2 700 万公顷左右,是我国最重要的商品粮食和贮藏品种。小麦营养价值高,籽粒中的含氮物和无氮物的组成比例很适合人体生理需求,而且它含有丰富的谷蛋白和麦胶蛋白(也称面筋),适合制作松软多孔、易于消化的馒头和面包,这是其他谷类作物达不到的。小麦的麸皮、麦秸和麦糠可作饲料。麦秸还用于编织各种手工制品和造纸原料。

冬小麦是越年生夏收作物。它不仅可以充分利用秋、冬和早春低温时期的光热资源,以营养体覆盖田面,减少裸露,而且在生育期间或收获后还可与本年春播和夏播作物配合,采用间套复种,提高复种指数,这样既提高了土地利用率,又增加了单位面积的全年产量。

因此,小麦产量高低和品质的优劣直接关系到国民经济发展和粮食安全,在我国粮食生产中占有重要地位。

二、小麦的大田生产是个群体生产过程

小麦大田生产的基本形式是以群体的状态进行种植和管理的。小麦的群体是由个体聚集而成,但又不是个体的简单相加,是由个体组成的有机整体。所以,在研究小麦产量形成的过程时,既要观察研究个体发育状况,更要着眼于观察和分析群体的结构、性状和动态;既要研究了解小麦本身的特征和变化,又要掌握环境条件变化对小麦个体和群体质量和数量的影响。在进行田间管理时,既要注重培育健壮的个体,又要兼顾群体的稳健、合理发展。从而达到个体充分发挥,群体产量得到明显提高的目的。随着小麦产量水平的不断提高,如何充分合理地利用光能,提高群体的光合生产率,就成为栽培技术体系中的问题。其中群体的大小、构成群体的器官长相和群体性状在群体内的分布等,更成为研究和关注的重点。因此,作为一个农艺工在进行田间管理时,要注意观察和记载小麦个体和群体的状态,为农业技术人员进行措施决策提供必要的基础材料和数据。

三、小麦的大田生产与环境条件密切相关

环境条件的改善和品种改良是提高小麦产量和品质的两大关键要素。环境条件包括当地的气候条件(如光、温、水的动态变化)、生产条件(如土质、灌溉条件、机械化程度,肥料,农药等物资的供应状况)以及由栽培措施引起田间状态的变化等。从小麦生长和生物学特征分析看,外界环境条件的变化,如营养、水分供应,气候的变化,田间管理措施的实施等均会影响小麦生长发育和产量的形成过程,如植株的高矮、叶片大小、个体健壮程度、叶片颜色、田间的繁茂程度、穗子的稀密、穗子的大小等。而田间植株的这些变化,又反过来影响大田群体的光、温、水、气的变化,并反过来对自身发育产生影响。所以,作物与环境的作用是双向的过程。从作物与环境的关系看,小麦生产实质上是探索作物与环境相互影响的一门科学。二者的协调程度决定产量的高低和品质的优

劣。在小麦生产过程中，为了达到高产、优质、稳产、低耗、高效等目的，有必要了解在当地环境条件下，环境或措施改变对小麦生育的影响，并记载这个变化过程，以便总结经验，为修正翌年田间管理过程及措施提供依据。

四、小麦栽培技术是个不断发展的过程

我国小麦平均产量，20 世纪 50 年代初期仅为 645 千克/公顷，至 1970 年达到 1 147.5 千克/公顷，1986 年达到 3 045 千克/公顷，至 2006 年达到 4 275 千克/公顷。经历了一个由低产到中产，由中产到高产，由高产到超高产的发展过程。小麦生产和产量的增加都与栽培环境的改善和品种的改良密切相关。在栽培技术方面也逐渐由经验管理向科学管理的方向发展，特别是 20 世纪 70 年代以后，栽培技术飞速发展，各地根据自身的生态条件、生产条件和品种发展，推广了更科学、更省力、更高产的栽培技术或技术体系。

20 世纪 70 年代，中国农业大学通过研究小麦器官建成、器官相关与肥水效应，提出了小麦器官的促控技术；相继莱阳农学院提出以分蘖成穗为主的高产模式，1979 年余松烈提出"小麦精播高产栽培技术"，80 年代初陕西提出"氮、磷化肥配合一次深施技术"，山西提出了"旱地麦播前一次性定量技术决策模式"。1985 年，山东侯庆福等提出"冬小麦晚播独秆栽培法"；1989 年，莱阳农学院提出"旱地冬小麦高产栽培技术"；不久，单玉珊提出"小麦高产多途径理论及其配套技术"；之后，各地又相继推出"旱地小麦高产栽培技术"、"小麦覆膜栽培技术"、"小麦小窝密植栽培技术"等适合本地高产的栽培技术或技术体系。至 90 年代，各地栽培研究与技术向更深层次发展，主要在小麦抗旱节水栽培、小麦超高产栽培等方面取得明显进展。1996 年，甘肃提出"小麦全生育期地膜覆盖穴播栽培技术"，中国农业大学推出"小麦节水高产栽培技术"、"冬小麦节水省肥高产简化四统一栽培技术"等。另外，各地还针对自身环境条件、生产条件、品种特性、种植习惯等，提出了"窄行密植匀播超高产栽培技术"、"冬小麦北移种植技术"等。

由上可见，小麦栽培技术是个不断发展的过程。它随着环境和

生产条件的改善、品种的更新、栽培技术的完善和进步在不断发展，不断创造适宜本地条件的新的栽培技术类型和措施。所以，农艺工要结合本教材有关小麦栽培的基本知识及共有的基本规律，在农技人员的指导下，结合本地实际，按选择的栽培类型落实好措施。

五、追求更高的产量目标是对品种和栽培技术提出的新要求

小麦生产由低产到中产、由中产到高产、由高产到超高产的发展过程，无不体现出生产条件改善和品种改良的印迹。因此，在小麦生产的发展过程中，栽培技术在不断发展和创新，品种选育也在更高产、更优质、更抗逆的方面取得相当的进展。可以说，单产水平的不断提高与新品种的增产潜力有密切关系，特别是当前品质的改良不仅成为育种工作的热点，也成为栽培技术的重要课题，要达到高产优质的双重目标，就必须做到品种与栽培技术的密切结合。品种是高产优质的基础潜力，而栽培技术则决定潜力的发挥程度，只有二者结合才能完成"高产、稳产、优质、低耗"的新目标。作为农艺工要认识二者的关系，不要认为选择了好品种就一定能够达到高产优质，同种栽培措施的实施也必须依品种特性而有所不同，不能千篇一律。同时，要执行的措施必须按质、按量、按要求落实到位。

六、明确小麦生产中的问题

1. 推广节水栽培技术

水资源短缺是日益受到世人关注的问题。我国是水资源十分短缺的国家，人均水资源占有量仅为世界人均占有量的 1/4。目前我国农业用水约占总用水量的 75% 左右。小麦是我国的主要粮食作物之一，又生长在旱季，是除水稻外消耗灌溉水量最多的作物，占总灌溉用水的 70% 左右，因此小麦节水栽培对保护和合理利用水资源有重要意义。在目前的小麦管理中要提倡节水高产栽培，在不影响产量的前提下，尽量减少灌水量和灌溉次数，还要建立适合本地区、本地块的综合栽培节水栽培技术体系。

2. 提高平均单产

我国小麦种植面积随着工业化和机械化进程的加快，近年来有缩减趋势,因此要保持和提高我国小麦总产水平,唯一可行之路是提高单位面积产量。我国小麦种植面积大,分布广,各地生产条件差异极大,因此地区间、地块间产量差异也很显著,中低产田仍占有很大比例,所以改善中低产田的生产条件和提高中低产田的生产水平是大幅度提高我国小麦单产水平的重大任务。

3. 不断引进新技术

在一个地区,小麦栽培技术具有相对的稳定性和区域适应性。也就是说,一项栽培技术在一个地区的推广和应用,并被生产者所接受,总有它一定的道理或理由,因此传统的栽培技术不可能在短时间内发生重大改变。但这并不表示不接受新的技术,反而应该不断引进新技术、新方法来改造和完善现行推广的技术,使产量不断提高,效果不断增加。作为农艺工要善于接受这些新技术,学习这些新技术,并认真实施。

4. 建立田间管理档案

小麦生产过程是小麦、环境和措施共存互作的系统。品种潜力表达取决于环境的适合程度,而措施是协调小麦与环境关系的重要手段。因此,为了便于总结经验和积累资料,应对每块田建立田间档案,记载从播前准备至小麦成熟收获各环节的田间管理事宜,包括播种、出苗时期,各生育时期出现时间,施肥、灌水的数量和时间等。也包括小麦生产过程中出现的一些灾害性天气和不测事件等。

5. 推广省肥栽培技术

化肥在小麦由低产到高产的发展过程中起了很大的作用。据世界粮农组织统计,化肥对粮食的贡献率占40%左右。我国能以占世界7%的耕地养活占世界22%的人口,化肥起了重要作用,因此要让作物增产,不可能不涉及化肥供应及化肥应用问题。随着我国小麦产量的提高,在一些地区和一些地块也出现了化肥投入与产出极不相称的现象,即化肥施用量增加了,但化肥利用率却下降了,或并不带来产量的相应增长,显然有些化肥被浪费了。这不仅造成了经济上的损失,还污染了环境,引起地表水富营养化、地下水硝态氮含量超标等环境问题。所以在小麦生产中,不要盲目追求施肥量,有条件的要做到科学施肥,如测土施肥、配方施肥、精确施肥等。农艺工应能在技术人员指导下,学习观察小麦长势,特别是根据叶片颜色的变化,做出施肥量是否过量或不足的初步诊断,并做到按量施肥、均匀施肥。

第二节　小麦农艺工的素质要求

一、思想素质

(1)热爱本职工作,忠于职守,能按质、按量完成各项工作。

(2)具有现代农业意识,努力学习新技术。

(3)团结同事一道工作。

(4)具有环境与安全意识。

二、业务素质

(1)具有初中以上文化程度。

(2)掌握和熟悉主要农事活动过程和操作技能。

(3)掌握小麦的产量是如何形成的,特别是三个产量因素如何在小麦的生长发育过程中不断形成,哪些措施可以调节它们的形成过程。

(4)学会根据当地气候条件、生产条件、品种:特性等,选择适宜当地或地块的高产技术类型,并能按各栽培类型的特点安排田间管理。

(5)了解小麦的生长发育过程及生长发育与环境条的关系。

(6)根据产量:目标,通过诊断苗情,制定恰当的技术措施。

(7)学会对小麦生长发育过程及田间管理过程进行记载。

(8)根据当地实际,掌握防治病、虫、草害的技术和要领。

(9)掌握小麦器官——根、茎、叶、蘖、花、粒的形成过程,及如何利用栽培技术控制其形成。

(10)学会写出小麦生产的年度总结。

第四章　小麦农艺工应具备的基础知识

第一节　我国小麦的分区和类型

一、小麦栽培分区

小麦适应性强,在我国广泛种植,南起海南岛,北至漠河,西起新疆,东抵渤海诸岛,从平原到高山均有栽培。我国麦田面积每年稳定在 2 700 万公顷左右,冬、春麦均有种植,其中冬小麦占 4/5 以上,春小麦约占 1/5。由于各地自然条件、种植制度等的不同,小麦的分布形成明显的自然区域,可大体分为 3 个大区 10 个亚区。

1. 春麦区

含 3 个亚区:东北春麦区、北方春麦区、西北春麦区。

2. 冬麦区

含 5 个亚区:北方冬麦区、黄淮平原冬麦区,长江中下游冬麦区、西南冬麦区、华南冬麦区。

3. 春冬麦兼种区

含 2 个亚区:新疆春冬麦区,青藏高原春冬麦区。

二、小麦的类型

小麦属禾本科(Gramineae)小麦属(*Tricticum*)。根据小麦体细胞染色体数目,可把小麦分为不同的类型(种和变种)。我国小麦的种和变种主要有以下 6 种。

1. 普通小麦

占绝大多数,约 96% 以上。遍布全国各地,是我国主要的栽培类型。

2. 硬粒小麦

分布于西南和西北地区,约占 1% 左右。

3. 密穗小麦

不足 1%,分布于我国西南和西北地区。

4. 云南小麦

普通小麦的一个亚种,是我国独特的一种小麦类型,春性强,不易脱粒,种植于云南的西部地区。

5. 圆锥小麦

约占 2%,在我国中部、西部和西北部有零星种植。

6. 波兰小麦

主要在新疆维吾尔自治区种植,数量极少。

按春化特性和播期,可把小麦分为冬小麦和春小麦两大类。本培训教材以普通小麦中的冬小麦为主要讲授内容,同时对春小麦也作了简要介绍。

第二节 小麦生育对环境条件的需求

一、小麦的生育期

小麦从种子萌发出苗到产生新种子所经历的时间称为全生育期(简称生育期)。由于我国种植地域广,生态条件复杂,各地的生育期不尽一致,一般冬小麦在 230～260 天及以上,春小麦为 100～130 天,也有 90 天以下的地区。

小麦一生中,由于茎顶生长锥的不断分化和发育,逐渐形成根、茎、叶、花、果实等不同的器官,植株的外部形态也发生有序的演化,并使生育过程的每一阶段呈现稳定的生理生化特点和生物学特点。小麦的产量,就是在个体各器官的协调生长和个体与群体协调发展中逐步形成的。

在生产和科研活动中,人们为了管理和交流上的便利,常依据小麦植株器官发生的顺序和便于掌握的明显特征,把全生育期划分为若干生育时期。具体分期和记载标准如下。

(1)播种期:种子播入土中的日期,以年、月、日表示。

(2)出苗期:小麦的第一片真叶露出地表 2 厘米为出苗标准。当全田有 50%以上幼苗达到出苗标准时,记载为出苗期,以日/月表示。

(3)分蘖期:植株第一蘖露出叶鞘 1 厘米时为分蘖标准。当全田 50%以上植株达分蘖标准时,记载为分蘖期。

(4)起身期:麦苗由匍匐状开始向上生长,冬麦年后第一片叶的叶鞘显著伸长,当其叶耳与午前最后一叶的叶耳距离(简称叶耳距)达 1.5 厘米左右时,称之为起身。全田 50%以上植株达此标准,记载为起身期,此时春二叶约露出第一叶叶鞘 3~5 厘米,幼穗分化处于二棱期(小穗分化期)。

(5)拔节期:当茎基部第一伸长节间露出地面 1.5~2 厘米时,谓之"农学拔节",即习惯上讲的拔节。此时幼穗分化处于雌雄蕊分化之后,与雄蕊药隔形成期接近。

(6)挑旗(孕穗)期:全田 50%以上的旗叶叶片全部伸出叶鞘时,谓之挑旗期。此期与四分体形成期接近。

(7)抽穗期:麦穗(不包括芒)抽出叶鞘 1/3 时,谓之抽穗。全田 50%以上达此标准时,记载为抽穗期。

(8)开花期:麦穗上发育最早的小花开花,即谓之开花。全田 50%以上麦穗达开花时,记载为开花期。

(9)籽粒灌浆期:籽粒开始沉积淀粉粒。约在开花后的 10 天左右。

(10)籽粒成熟期:包括蜡熟和完熟两期。胚乳呈蜡状,称蜡熟或黄熟期,此时粒重达最大。籽粒变硬,籽粒含水率在 20%以下,呈现本品种的色泽时为完熟期。

(11)收获期:记载正式收获的日期。一般蜡熟中期为人工收割适期,蜡熟末期为机械收获适期。

上述各生育时期出现的时间,因地区、年份、播期和品种等而异,要逐年逐块进行记载。另外,在冬麦区,尤其是北方的冬麦区,常把"越冬期"和"返青期"也归入生育时期中,其记载标准如下。

(1)越冬期：当冬前平均气温下降到2℃以下，植株地上部基本停止生长时，即为越冬期。

(2)返青期：春季温度回升到2℃以上时，地上部恢复生长，当跨年度生长叶片的新生部分达1～2厘米时，即为返青期。此时植株仍呈匍匐状，麦田呈现明快的绿色。

二、对水分的需求

1. 小麦的耗水量

小麦的耗水量（或需水量）是指小麦从种到收的整个生育期间的麦田耗水量。小麦一生的总需水量为每亩260～400吨，其中包括30%～40%的土壤蒸发（指由土表直接散失的水分）、60%～70%的植株蒸腾（指由小麦体表散失的水分）和少量的重力水流失。土壤蒸发是对植株不利的水分损失，应尽量避免。植株蒸腾则是小麦正常的生理过程。一般小麦每生产1克干物质，需要由叶面蒸腾400～600毫升的水分。那么，每生产1千克小麦籽粒需要消耗多少水呢？一般高产麦田每生产1千克小麦籽粒耗水630～700升，中产麦田需700～850升，低产麦田需1 000～1 400升。

2. 小麦各生育时期适宜的土壤水分状况

麦田耗水以1米深以内的土层为主。其中0～20厘米是主要供水层，土壤水分含量变幅也大；21～50厘米为次活跃层，也是重要的供水层；51～100厘米为贮存层，水分含量较稳定，占耗水量的25%左右。小麦生育期间的适宜土壤水分含量，一般以0～20厘米土壤含水量为主要依据。

(1)播种出苗期。耕层土壤含水量以保持田间持水量的70%～80%为宜，＜65%时应浇底墒水。

(2)分蘖期。土壤含水量以保持田间持水量的70%～80%为宜，低于50%分蘖率明显下降。

(3)越冬和返青期。土壤含水量低于田间持水量的70%时需浇冻水。返青期以保持田间持水量的70%为宜。表土干旱缺墒影响返青，甚至死苗。

（4）起身至孕穗期。土壤含水量以保持田间持水量的 70%～75% 为宜,低于 50% 时,结实率严重降低。

（5）抽穗和开花期。开花期土壤含水量以保持田间持水量的 70%～80% 为宜,低于 50% 时,会降低结实率。

（6）灌籽和成熟期。灌籽期土壤含水量以保持田间持水量的 70%～80% 为宜。成熟期保持 60%～70%,有利于籽粒成熟。

3. 小麦不同生育时期的耗水特点

小麦不同生育时期的耗水量与气候条件、产量水平、田间管理状况及植株生育特点等有关。

（1）拔节期以前。植株小、温度低,耗水量较少,而且以土壤蒸发为主。这段时间占全生育期的 2/3,耗水量只占总耗水量的 1/3 左右。

（2）拔节至抽穗期。植株生长量剧增,耗水量也急剧上涨,此间土壤蒸发减少,叶面蒸腾量显著增加。在拔节至抽穗的 1 个月内,耗水量占全生育期的 1/4 左右,耗水强度（日耗水量）每 667 米^2 达 4 米^3 左右。

（3）抽穗至成熟的 35～40 天内。耗水强度每 667 米^2 达 5 米^3 左右,阶段耗水量为总耗水量的 40% 左右。可见,后期保持土壤适宜的水分,对争取粒重具有重要意义。

4. 中壤质土壤水分状况及供水能力

见表 4—1。

表 4—1　中壤质土壤水分状况分级表　（%）

土壤水分状况分级	极少墒		少墒		中等墒		丰墒	
	含水量	占田间持水量的百分比	含水量	占田间持水量的百分比	含水量	占田间持水量的百分比	含水量	占田间持水量的百分比
土壤水分含量	<15.5	<58	14.5～17.0	58～70	17.0～20.0	70～80	>20.0	>80

续表

土壤水分状况分级	极少墒	少墒	中等墒	丰墒
对冬小麦的供水能力	供水能力大受限制,除蹲苗、收获期外,小麦生长受较大影响	对小麦供水能力受一定限制,但水分匮缺尚不太大	对小麦有相当的供水能力,一般不感匮缺	能充足供水,但大于田间持水量85%时,则水分过剩

三、对土壤的需求

小麦对土壤的适应性广,我国各地的大多数土壤都能种植。但就高产而言,良好的土壤是丰产的基础条件。

最适宜种植小麦的土壤质地是壤土(以中性壤土为最好),因这类土壤一般具有较强的保水保肥能力,增产潜力大。

小麦喜耕层深厚、结构良好的土壤。土壤容重以 $1.14 \sim 1.26$ 克/厘米^3 为宜。耕层有机质含量在 1% 以上、全氮在 0.06% 以上,速效氮 $30 \sim 40$ 毫克/千克,速效磷 20 毫克/千克以上,速效钾 40 毫克/千克以上。

小麦可生长在土壤 pH 值 $6.0 \sim 8.5$ 的范围内,但以 $6.8 \sim 7.0$ 的中性土壤为最好。土壤总盐量以不超过 0.2% 为宜。

四、对温度的需求

温度不仅制约冬、春麦的分布,而且在特定生态区内,对小麦的个体生育和群体发展产生重要影响。为简便明了,将小麦生长发育与温度的关系列于表 4—2 中。

表 4—2　冬小麦不同生育时期对温度的要求

时期	所需的温度条件	不利温度条件及影响
播种出苗期	适期播种的温度指标为日平均气温 $15 \sim 20℃$;越冬前 0℃ 以上积温 $500 \sim 600℃$;播种至出苗需 $110 \sim 120℃$ 积温	日平均气温低于 10℃ 播种,冬前积温 <350℃,一般无冬的分蘖;日平均气温高于 20℃ 播种常使低化蘖缺失,外引起穗发育,不利于安全越冬

时期	所需的温度条件	不利温度条件及影响
分蘖期	气温6～13℃时出蘖平稳、粗壮；13～18℃出蘖快、但易徒长；出苗至分蘖需220～240℃积温	气温＜3℃时不分蘖，3～6℃分蘖出生缓慢，＞18℃时分蘖受抑制
越冬和返青期	气温稳定在3℃以下时，地上部逐渐停止生长；分蘖节处的最低温度不低于－13℃或－15℃；翌春气温回升到2～3℃时，麦苗开始返青，继续分蘖	冬季严寒和倒春寒，易发生冻害
起身至孕穗期	小麦穗分化适温为6～8℃，＜10℃时的温度有利于大穗形成；拔节适温为12～16℃，孕穗期适温为15～17℃	小麦起身尤其是拔节后耐寒力降低，遇有－6℃低温时，幼穗受冻，结实率严重降低
抽穗和开花期	开花适温为18～20℃，最低为9～11℃，最高32℃	气温低于9℃时，延迟开花，影响授粉，气温高于35℃、土壤水分低于田间持水量的50%，降低结实率，形成缺粒
建籽和成熟期	建籽期适温为18～22℃，灌浆期适温为20～22℃	高温、干旱易引起茎叶早衰、粒重低；成熟期间温度上限为26～28℃，下限为12～14℃

五、对营养的需求

1. 所需的营养元素

小麦和其他作物一样，要维持其正常生育并获得高产，就必须供给充分的营养，小麦生长发育所需的营养元素主要有碳、氢、氧、氮、磷、钾、钙、镁、硫、铁等大量元素和锰、铜、锌、硼、钼等微量元素。其中碳、氢、氧虽然在小麦干物质中占95%左右，但它们在空气和水中大量存在，一般不成为营养元素供应的主要问题。其他元素虽然只占干物质的5%，但它们对小麦生长发育及干物质的生产、分配和累积起着主要的作用，是不可或缺的营养元素。其中氮、磷、钾的需求量最大，称为肥料三要素，如果出现供应不足或供应失调的情况，则会严重影响小麦的生长发育,并使产量形成受到制约。营养元素中的微量元素虽然需求量很少,但它们对调节小麦正常生长和产量形成也都有着各自不可缺少的功能。可以说,营养元素充分和协调的供给是小麦正常生育和获得优质高产的重要基础。

2. 不同生育时期氮、磷、钾的吸收量

冬小麦在不同生育时期对氮、磷二钾的吸收有明显的阶段性。各地试验资料表明,其吸收规律可归纳如下。

(1)对三要素的吸收量与植株生长量相一致。如冬小麦返青前植株生长量小,吸收数量也少,氮、五氧化二磷、氧化钾的吸收量分别占吸收总量的 17.04%、11.11%、9.75%;返青后,随植株长大,吸收数量逐渐增加,以拔节到开花阶段增加最快。到开花期,氮、磷、钾的吸收量分别占吸收总量的 71.97%、92.54%、100%。

(2)小麦不同生育时期对三要素的吸收比例不同。①越冬前是以长根、长叶、长蘖为主的时期,氮的吸收最多,其次是磷和钾,在高产条件下,虽然累积量的百分数不变(14%左右),但吸收的氮量却比中产小麦增加近 1 倍。可见越冬前是小麦吸收氮素营养的关键时期之一。②起身至挑旗前是全生育期吸氮最多的时期,约占全生育期总量的 1/3,是小麦氮素营养的最大效率期。③拔节开花是茎秆急剧生长的时期,吸收的钾量最多,在高产条件下更为明显。④拔节后吸收磷的量明显增加,尤其是孕穗后,磷的吸收量占全期的 1/2 以上(表 4-3)。

表 4-3　小麦不同生育期吸收氮、磷、钾的比例

生育时期	吸收百分比(%)		
	氮	磷	钾
越冬期	14.87	9.07	6.95
返青期	2.17	2.04	3.41
拔节期	23.64	17.78	29.75
孕穗期	17.40	25.74	36.08
开花期	13.89	37.91	23.81
乳熟期	20.31	7.46	—
成熟期	7.72		—

（3）拔节期是小麦需肥的临界期。小麦拔节期对氮、磷、钾的需求量均大。此期缺肥对产量影响极大。

3. 生产中常用氮、磷、钾化肥的成分及含量

生产中常用的氮、磷、钾素化肥的成分及有效成分含量分别列于表4—4～表4—6。

表4—4　几种常用用氮素化肥的成分及含量　（％）

肥料名称	尿素	硫酸铵	碳酸氢铵	氨水	氯化铵	硝酸铵
化学成分	$CO(NH_2)_2$	$(NH_4)_2SO_4$	NH_4HCO_3	NH_4OH	NH_4Cl	NH_4NO_3
N 含量	46	20～21	17	12～17	24～25	33～35

表4—5　几种常用磷素肥料的成分及含量　（％）

肥料名称	磷酸二铵	过磷酸钙	重过磷酸钙
化学成分	$(NH_4)_2PO_4$	$Ca(H_2PO_4)_2+CaSO_4$	$Ca(H_2PO_4)_2$
P_2O_5 含量	20	14～20	36～52
肥料名称	磷矿粉	钢渣磷肥	骨粉
化学成分	$Ca_3(PO_4)_2$	$Ca_2P_2O_9 \cdot CaSiO_2$	$Ca_3(PO_4)_2$
P_2O_5 含量	14～25	5～14	20～30

表4—6　几种常用钾素肥料的成分及含量　（％）

肥料名称	氯化钾	硝酸钾	硫酸钾	硫酸钾镁肥	窖灰钾肥
化学成分	KCl	KNO_3	K_2SO_4	$K_2O \cdot MgSO_4$	$K_2O \cdot CaO \cdot SiO_2$
K_2O 含量	55～60	45	48	23～30	8～12

第三节　小麦的发育过程

小麦的茎顶生长锥是小麦器官建成的中心。根、茎、叶、穗、花、籽粒等器官的出现和形成，都与茎顶生长锥的分化和发育有关。在小麦完成从萌发到长成新种子的整个生育过程中，除要求一般生育所需的综合条件（光、水、肥、气、热和矿质营养等）外，往往在生育的某个时期，对某一条件（因素）有特殊的量和质的要求。若这一特殊条件得不到满足，小麦便不能顺利完成正常发育，即不能抽穗结实。目前，知之较多的是春化现象和光周期现象。

一、春化现象(作用)

小麦自种子萌发出苗后,需要经过一定程度和一定时间的低温,才能使发育继续进行,形成结实器官,否则,植株只能停留在分蘖状态。人们把这种现象叫春化现象或称"春化作用"。如将未经春化处理的冬小麦种子春播,往往因高温条件而不能进入生殖生长。

根据不同品种通过春化所需温度和时间的不同,大致可划分为 3 种类型,即春性品种、冬性品种和半冬性品种。

春性品种:对温度反应不敏感,可分为两种类型。一种春化适温范围为 5~20℃,需时 5~15 天,用于北方春播,能正常抽穗;另一种春化适温范围为 0~12℃,需时 5~15 天,用于南方秋播。

冬性品种:通过春化的适温为 0~3℃,需时 35 天以上。这类品种对温度反应敏感,如果温度过低,春化缓慢;温度过高,则不能完成春化。未经春化处理的种子春播,不能抽穗。

半(弱)冬性品种:通过春化的适温范围为 0~7℃,需时 15~35 天。未经春化处理的种子春播,一般不抽穗或延迟抽穗,而且不整齐。

小麦从种子萌动到整个分蘖期间,只要有适宜的温度条件,均能感受春化作用。如将萌动的冬性品种进行人工春化处理后春播或在冬前日平均温度降至 3~4℃时播种,种子虽在冬前只萌芽而不出苗,但春季出苗后仍能正常抽穗结实。

处于春化时期的冬小麦,能忍耐−20~−30℃的低温,一旦通过春化而进入光照时期,抗寒性则大为降低。如半冬性品种播种过早或春性品种在冬性品种的适播期内播种,由于越冬前即完成春化而进入光照时期,抗寒性下降而造成越冬期死苗。

小麦在春化过程中,主要分化和形成根、茎、叶、蘖等营养器官,当春化过程完成后,这些营养器官基本分化完毕,因此春化过程是决定叶片、分蘖等数量的重要时期。在生产中,一般春化过程历时较长时,单株各营养器官的数目也多。如适期早播的小麦比晚播小麦的叶、节、蘖数目多,冬性品种一般比春性品种多。

二、光周期现象

小麦在通过春化后,若条件适宜(4℃以上的温度和一定的日照长度)则可感应光周期。

小麦对光周期的敏感期,一般认为是从茎生长锥伸长开始,至雄蕊原基分化期。小麦是长日照作物,根据品种对日长反应的不同,大体可分为反应敏感型、反应中等型和反应迟钝型。

反应敏感型:在每天8~12小时光照下均不能抽穗,需在12小时以上的光照条件下才能抽穗。一般冬性品种需时30~40天。冬性品种和高纬度地区的春性品种一般属此类。

反应中等型:每天8小时光照下不能抽穗,在12小时光照下可以抽穗,需时24天左右。一般半冬性品种属此类。

反应迟钝型:每天8~12小时光照下均能抽穗。需时16天以上。一般原产于低纬度的春性品种属此类。

在光照条件和其他条件适宜时,温度在20℃左右完成光周期反应最快,温度低于10℃或高于25℃时趋向缓慢,温度低于4℃时不能进入此阶段。由此可见,春季温度回升的快慢,影响光周期反应持续时间的长短,并从而影响穗部器官的数量。延长持续时间,有利于增加每穗小穗数和小花数目。

在阶段发育理论中,上述春化现象即指春化阶段,光周期现象即指光照阶段。

三、小麦发育过程的实践意义

对于以收获籽粒为对象的小麦而言,能否进入春化和光周期反应,是能否完成由营养生长向生殖生长转变,开始穗、花发育的关键环节。因此,掌握小麦的这一生育特性,对于正确运用栽培措施争取高产有重要意义。

在小麦栽培中,除其他因素外,与发育有关的注意事项如下。

第一,依品种类型安排播期顺序。冬性类型品种相对于春性品种对春化温度要求较低,持续时间也较长,在安排播期时,可在适期内早播,而越是偏春性的品种越要适当晚播。这样可以避免春性品种于越冬前在4℃以上温度下进入光周期而遭遇冻害。同理,冬性品种播种过早也会遇到这样的问题。

第二,要正确引种,不可盲目从高纬度地区向低纬度地区引种,或从低纬度地区向高纬度地区引种。在跨越较大纬度引种时,会遇到由于春化和光周期特性不同而带来的诸多生育和生产问题。如将南方品种引种到北方种植,可能因抗寒性差而引起越冬期大量死苗;北方品种引入南方种植,可能会因光周期障碍造成不能抽穗或延迟抽穗或抽穗不整齐的问题。所以,从小麦发育的需要出发,应从同纬度地区或相近纬度地区引种,并经过引种试验。

第三,除温度、地力等条件外,基本苗数的确定也与小麦发育过程有关。因春化阶段持续时间长时,叶、节、蘖等营养器官的分化数目多,单株营养体较大,故早播时基本苗数可适当少些,而晚播苗的个体相对较小,应适当加大播量。

第四,小麦的春化作用可以在种子萌发、幼苗等不同的状态下开始或通过。因此,在生产上,适期播种的小麦萌发出苗后由于温度较高,并不能马上进入春化发育,只有当温度降到该品种要求的温度条件时才能开始。而晚播小麦或早播春小麦由于播种时温度较低,种子萌动后即开始进入春化阶段的发育过程。但它们在4℃温度下,均不能进入光周期的发育过程。因此,冬性品种只要不过于早播,越冬前一般均停留在春化阶段,并保持较高的抗寒能力。春性品种春播时应尽量揭前,以争取有较长的营养生长阶段,有利于形成壮苗、壮株、大穗。

第五,由春化和光周期发育过程可看出,小麦的生长和发育是相辅相成的、不可分割的过程,所以统称为生长发育过程。在春化过程中,主要分化和形成根、茎、叶等营养器官,是以营养生长为主的时期,也是决定个体营养器官数量和大小及单位面积穗数的重要时期。光周期发育正处于小麦的营养生长和生殖生长的并进时期,这时已分化而未生长的营养器官陆续出生和形成,穗器官也快速分化和形成,是小麦一生中生长量最大、矛盾最多的时期,在生产管理上要给予特别的关注。

第六,小麦进入光周期发育的标准,一般认为是茎顶生长开始伸长或开始分化小穗原基;当小麦开始拔节,幼穗分化至雌、雄蕊原基分化期时,说明光周期发育已经完成。因此,小麦的主茎能否拔节，是判断光周期发育是否完成的重要标志。凡不能完成光周期发育的麦苗，一般都停滞在分蘖状态。因此，在大田生产中，如发现当地日平均气温上升到 10℃左右，而小麦尚未拔节时，要特别注意观察，找出原因（如是否种错种子等），并及时采取补救措施。

第五章 玉米农艺工应具备的知识

第一节 玉米农艺工的岗位职责与素质要求

一、岗位职责

玉米农艺工应具备初中以上文化,从事玉米生产 2 年以上;其岗位职责是:在农艺师的指导下完成播种前的准备工作及播种、田间管理、收获贮藏和种子检验等工作。

二、素质要求

玉米农艺工应掌握有关玉米的基础理论和知识,具备玉米栽培、病虫害防治和种子检验的基本技能。具体内容如下。

1. 相关法律法规

中华人民共和国种子法、农业技术推广法、农业法、土地管理法和国家对粮油棉的生产政策等法律法规。

2. 玉米栽培技术

重点掌握春玉米栽培技术、夏玉米栽培技术和玉米间套作栽培技术;了解优质蛋白玉米栽培技术、糯玉米栽培技术、甜玉米栽培技术、笋玉米栽培技术、玉米地膜覆盖技术、玉米抗旱栽培技术、玉米节水灌溉技术、玉米抗寒栽培技术和玉米机械化生产。掌握轮作倒茬、整地、施基肥、品种选择的原则、引种程序、种子处理、播种时间、播种密度、种植方式和田间肥水管理等技术。

3. 玉米基础知识

包括我国玉米的种植区域,每个玉米产区的气候条件、土壤特点和种植模式;玉米生育期的划分;玉米不同生育阶段的特点;玉米杂交种的概念和类型;专用型玉米的类型和特点。

4. 玉米机械知识

常用机械如犁、耙、播种机的调试、使用和维护方法。

5. 农药基本知识

农药的划分方法和主要种类;农药的使用方法;减缓病菌、害虫、杂草抗药性的措施;如何安全使用和正确保管农药。

6. 肥料基本知识

常用化肥的性质和使用方法;有机肥料种类、特点和使用方法;肥料合理施用的方法,提高肥料利用率的措施。

7. 病虫草害防治技术

掌握玉米大斑病、小斑病、圆斑病、弯孢菌叶斑病、丝黑穗病、青枯病、纹枯病、穗粒腐病、锈病和病毒病等主要病害的典型症状和防治方法;了解玉米主要害虫如地老虎、玉米螟、黏虫、蚜虫和红蜘蛛的为害特点和防治方法及氮、磷、钾等肥料缺乏或过剩的诊断与防治,还有干旱、涝害、霜害、热害、冷害、风害和雹害的预防;懂得如何使用土壤封闭除草剂和苗后除草剂,并了解药害的症状与缓解方法。

8. 玉米主要试验技术

掌握玉米育苗移栽、施肥、田间试验记载和室内考种、测产验收、杂交种制种和种子检验等方法和技术。

9. 玉米收获与贮藏

掌握玉米籽粒生理成熟的主要标志;了解普通玉米、甜玉米、糯玉米、笋玉米和青贮玉米的最佳收获时期和玉米收获方法;了解玉米籽粒贮藏前应采取的主要技术措施及玉米种子贮藏方法。

第二节　专用型玉米

一、甜玉米

甜玉米是以其籽粒(胚乳)在乳熟期含糖量高而得名。由于遗传特点的不同,甜玉米分为普通甜玉米、超甜玉米和加强甜玉米。世界上广泛种植和食用甜玉米已有 100 多年的历史。

1. 普通甜玉米

这是世界上最早种植的一种甜玉米,在美国已有 100 多年的栽培历史,是当作餐桌上的蔬菜来种植的。这种甜玉米,是遗传基因突变引起的,受单隐性基因控制。乳熟期籽粒含糖量在 10% 左右,比普通玉米高 1 倍,蔗糖和还原糖各占一半。普通甜玉米的另一个特点是,籽粒中含有 24% 的水溶性多糖,这种碳水化合物的相对分子质量比较小,可溶于水,具有酸性,也易于被人体吸收。而淀粉含量只占 35%,比普通玉米少一半。它含有的蛋白质、油分和各种维生素也高,其营养价值比普通玉米高。这种普通甜玉米籽粒成熟脱水后呈现透明皱缩状态,很容易与普通玉米籽粒区分。普通甜玉米主要用来加工各种类型和风味的甜玉米罐头,也可作为青嫩玉米在市场上出售或加工成其他产品。这类甜玉米不耐贮存,应该当天采收当天加工或上市出售,因在贮存过程中,糖分会向淀粉转化,使果皮变厚,含糖量下降。

2. 超甜玉米

超甜玉米是相对于普通甜玉米而言的。这种甜玉米乳熟期的含糖量比普通甜玉米至少高 1 倍多,含糖量可达 20% 左右。它受另外的遗传基因控制。在授粉后 20～25 天,籽粒含糖量可达 20%～24%。糖分主要是蔗糖和还原糖,而水溶性多糖的含量很少,仅占 5%,这和普通甜玉米有很大的不同。淀粉含量只有 18%～20%。超甜玉米籽粒成熟脱水后表现为凹陷干瘪状态,粒重只有普通玉米的 1/3,很容易识别。超甜玉米和普通甜玉米相比,具有甜、脆、香的突出特点,但因为水溶性多糖太少,所以不具备普通甜玉米特有的黏性。在青嫩玉米市场上,超甜玉米的竞争力后来居上,目前主要作为青玉米上市,并用来加工速冻甜玉米。一般说来,这种超甜玉米不用来加工甜玉米罐头食品。需要特别指出的是,现在市场上的超甜玉米有两种类型,在遗传上一种是受凹陷-2 基因控制,另一种是受脆弱-1 基因控制的。从外观表现来看两者差不多,但如果在生产上将这两种基因类型的超甜玉米种到一起而相互串花,其籽粒就不甜了,就同普通玉米籽粒一样了。

3. 加强甜玉米

这是一种新类型的甜玉米,从遗传上讲,这种甜玉米是在普通甜玉米的背景上又引入1个加强甜的基因而成。它的特点是兼有普通甜玉米和超甜玉米的优点,在乳熟期既有高的含糖量,又有高比例的水溶性多糖,因此,它的用途广泛,既可加工各类甜玉米罐头,又可作青嫩甜玉米食用或速冻加工利用。这种加强甜玉米具有广阔的发展前景,目前在国外已开始生产利用,在国内也育成了加强甜玉米品种,并已用于生产。另外,在国内甜玉米生产上还有一种叫做半加强甜玉米,如中国农业科学院作物育种栽培研究所选育的甜玉4号,它是由1个加强甜玉米自交系和1个普通甜玉米自交系配制而成的。如果是2个加强甜玉米自交系配成的杂交种,就是全加强甜玉米了。

二、高油玉米

由于高油玉米籽粒含油量高,籽粒的营养品质也相应有了比较大的改善,用来作畜禽饲料可明显提高经济效益。用含油量为7.5％的玉米并添加19％大豆粉的饲料养猪,日增重为0.58千克,料肉比为2.44∶1,而用普通玉米添加相同量大豆粉的饲料养猪,日增重为0.45千克,料肉比为2.78∶1,用高油玉米日增重比普通玉米高23％,每增加1千克体重可节省饲料0.34千克。在养鸡试验中也收到了类似效果。这是因为高油玉米含油量高,从而提高了热量。玉米油的热值比淀粉高1.25倍,同时高油玉米也相应地提高了必需氨基酸、赖氨酸、色氨酸等的含量,因此具有较高的营养价值和饲养效果。

经过精炼加工而成的玉米油是一种用途广泛、味道纯正、营养价值高的食用油,而且是一种具有保健功能的食用油。在食品工业上用途更为广泛,不仅可以用来加工各种点心,还可制作人造黄油以及花样繁多的快餐用油。

三、高淀粉玉米

高淀粉玉米一般指淀粉含量在75％以上的玉米品种。一般玉米的淀粉含量在70%以下,高淀粉玉米比一般玉米高5%～10%。高直链淀粉玉米是指直链淀粉含量高的玉米品种。据美国对北美、中美和南美39个不同玉米品种分析,发现一般玉米的直链淀粉含量在22.2%～28.3%,平均为27%。由于隐性基因的作用,高直链淀粉玉米的直链淀粉含量可达55%～65%,甚至更高。

　　带有隐性基因的高直链淀粉玉米籽粒可能是糖转化为淀粉的缘故,果皮呈现不同程度的皱缩。淀粉是国计民生的重要工业原料,广泛应用于食品、农业、医药、印染等领域。在美国以淀粉为原料的制品达1 000多种。淀粉工业是我国的重要产业之一。美国商业淀粉的95%以上来源于玉米。我国的淀粉原料主要也是玉米。

　　直链淀粉的用途已经发展到30多个领域。随着直链淀粉用途的不断发现,其发展正在迅速扩大。由于直链淀粉特殊的理化性质而产生了特有的功能,在糖果加工中可起到加快成型作用,成型时间至少减少6倍,因此,降低了生产成本,提高了生产能力。直链淀粉在油炸土豆片中可以防止油过多地被吸收。纺织中作为玻璃状定型胶,以及在石油钻井中的作用都是不可替代的。目前,令世界都在重视的白色污染即农用薄膜、塑料容器和生活中的塑料垃圾等已经成为世界公害。利用直链淀粉生产可降解塑料将为这个问题的解决取得突破;高直链淀粉的新用途将继续发现,需要量将会大幅度增加,我国的高淀粉玉米可在相当规模下发展。我们现在通常所说的淀粉是直链和支链淀粉的混合物。高直链淀粉玉米的产量低于普通玉米和糯玉米杂交种。发芽率和出苗率较低,不适合在湿地和冷凉地种植,还要与低含量品种隔离种植。

四、笋玉米

　　玉米的幼穗称为笋玉米。因玉米幼穗下粗上尖,形似竹笋,故名。这种食品清脆可口,别具风味,是一种高档蔬菜。根据消费者的需要可添加各种佐料,制成不同风味的罐头,这种罐头在国际市场上很有竞争力。这种罐头的生产,在加工前要用人工一个一个地从果穗苞叶中将幼穗剥出,目前还无法采用机械,所以需要廉价的土地和充裕的人力。如果每亩土地产笋1万个,需费的工时可想而知。目前世界上笋玉米罐头的生产地,主要在东南亚和我国台湾省,欧美并不是没有土地,而是人工费用昂贵,无法组织生产。依据国内外市场需要,国内已有很多厂家加工生产笋玉米罐头,并已批量出口,这是一个很有前途的产业。笋玉米的加工工艺比较简单。当果穗花丝抽出 3 厘米左右时,剥出幼穗,长 8~10 厘米,摘除花丝即为净品。随即按制罐工序加工,一般用旋盖的玻璃瓶装罐。依罐的大小每罐放笋玉米的根数亦不相同。用铁皮封口的玻璃瓶罐头,由于食用时易将瓶口的玻璃开碎,现在已不大采用。供出口的多用马口铁罐装。

加工笋玉米,原本没有专用品种。随着笋玉米罐头产业的兴起,由于生产的需要,近年已有专用品种推出,例如甜笋 101、超甜 43 等,在生产上已收到良好的效果。它们是多穗类型的,足以提高单位面积的产笋量。目前生产上推广的诸多甜玉米品种,很多具有多穗特性,但第二、第三穗仅能抽出花丝,由于营养分配具有顶端优势,很难成穗,正可用来采收笋玉米,即第一个果穗用来采收鲜嫩玉米供加工或投放青嫩玉米市场,第二个或者第三个果穗则采收笋玉米,一株多用,提高经济效益。根据品尝鉴定和营养分析,虽然普通玉米也可以加工笋玉米罐头,但以甜玉米笋为笋中上品,并且质量稳定。

五、优质蛋白玉米

从营养角度来说,赖氨酸、色氨酸等是人体必需氨基酸,其含量的多少是衡量蛋白质品质的重要标志,含量高的营养价值就高,反之则品质低下。就玉米蛋白质而言,由于蛋白质中有一半是醇溶蛋白质,又叫做玉米胶蛋白,这类蛋白质含有的赖氨酸、色氨酸非常少,而且几乎无法被人体所消化利用。因此,玉米蛋白质的品质远不如水稻和小麦蛋白质品质好。20 世纪 60 年代初期,发现一种叫做奥帕克-2 的玉米,其蛋白质中的赖氨酸和色氨酸比普通玉米高 1 倍。这种玉米虽然蛋白质总量没有增加,但因各类蛋白质含量的比例发生了变化,醇溶蛋白质减少了一半,富含赖氨酸、色氨酸的谷蛋白含量就相应地增加,从而使玉米蛋白质的营养品质有了明显的提高,其赖氨酸含量比小麦还高。人们就把这种奥帕克-2类型的玉米叫做高赖氨酸玉米。这种玉米在外观上与现在生产上大面积种植的玉米的主要区别是在籽粒的胚乳上，高赖氨酸玉米的胚乳是软质的，或者说是软粒的，表现为不透明，没有普通玉米籽粒的光泽，籽粒重量也相对轻些，很容易与普通玉米籽粒相区分。由于育种研究的进步，我国最新育成的一批这类玉米杂交种，已改变了原来的软质胚乳性质，使其变成半硬质胚乳。从外观上看，其籽粒与普通玉米籽粒已无大的区别，但保持了蛋白质中赖氨酸、色氨酸的高含量，因此，我们统称这种高赖氨酸玉米为优质蛋白玉米。

六、糯玉米

糯玉米，又称黏玉米。它是玉米胚乳性状由普通玉米发生了突变，经人工选育而成的类型。籽粒胚乳淀粉均为支链淀粉，煮熟后黏软富于黏糯性。籽粒不透明，无光泽，外观呈蜡质状。它原产于中国，有"中国蜡质种"之称。

糯玉米由于籽粒中淀粉完全由支链淀粉构成，并且由糯性基因所控制，使其在食用品质和工业生产中具有特殊的用途。糯玉米特别适合于作鲜食型玉米，其籽粒黏软清香，皮薄无渣，内容物多，一般含糖量 7%～9%，干物质含量达 33%～38%，赖氨酸含量比普通玉米高 16%～74%，因而比甜玉米含有更丰富的营养成分和适口性，而且易于消化吸收，作为鲜食型玉米开发价值毫不比甜玉米逊色。

糯玉米的粮用别具特色，籽粒煮成粥，粒如珍珠、黏软稠糊、营养丰富，配以红枣、红小豆、桂圆等，可制成珍珠八宝粥，激发食欲，易于消化，调节人们的食物结构。糯玉米用于食品加工独具竞争优势。糯玉米粉的营养成分，蛋白质和氨基酸比糯稻米粉高，可制作人们喜爱的黏食小食品和用作食品增稠剂，改善日常的膳食品种和有利于发展食品加工业。

糯玉米又是现代工业的重要原料。糯玉米制酒可酿成风味独特的优质黄酒。糯玉米加工淀粉可生产含 95%～100%的纯天然支链淀粉，可省去普通玉米加工支链淀粉的直链淀粉分离或变性加工工艺。支链淀粉广泛地应用于食品、纺织、造纸、黏合剂、铸造、建筑和石油钻井等工业部门,并已发展成为重要的高分子原料。

在国际市场上支链淀粉是一般淀粉价格的 1.4～7.4 倍,在食品工业中支链淀粉用于食品的增黏、保型、稳定冷冻食品的内部结构,在天然果汁中可悬浮果肉。在造纸工业中,支链淀粉可作为纸张的增强剂、新型产品涂覆纸的涂覆料。

糯玉米用作饲料比普通玉米的饲用价值高。糯玉米饲养奶牛产奶率增加 12%,并使奶中的黄油含量显著增加;糯玉米喂菜牛和羊,增产增收显著。另外,糯玉米的茎叶也是上好的青饲料,生产青食糯玉米时相应发展了养殖业,可使糯玉米的茎叶得到综合开发利用。

因此,糯玉米具有极为重要的生产经济价值,其综合利用和开发前景十分广阔。生产糯玉米时,既可为市场及加工提供青玉米,也可生产籽粒粮用、饲用或作工业原料,同时还可利用茎叶发展养殖业。

七、青贮玉米

青贮玉米是指在玉米乳熟期至蜡熟期期间,收获玉米植株,经切碎、密封发酵,贮藏于青贮窖或青贮塔中,然后调制成饲料,饲喂以牛羊为主的草食家畜。青贮玉米生物产量高,营养丰富,具有相对较高的能量和良好的吸收率,是养牛业首选的基础饲料。

青贮玉米有 3 种类型:一是青贮专用型玉米,指专门用于青贮的玉米品种,在乳熟期至蜡熟期期间,收获包括玉米果穗在内的整株玉米。二是粮饲通用型玉米。指该玉米品种既可作为普通玉米品种,在成熟期收获籽粒,也可以作为青贮玉米品种,在乳熟期至蜡熟期期间,玉米全株用于青贮饲料。三是粮饲兼用型玉米。指在玉米籽粒成熟期先收获玉米籽粒,然后再收获青绿的秸秆用作青贮。

优良的青贮玉米杂交种必须具有几个特点:一是生物产量高(饲草产量高)。在正常栽培条件下,以干重为基础,适时收获的青贮玉米的生物产量应在 1 200 千克/667 米^2 以上,每 667 米^2 鲜重在 4 吨以上。二是营养品质好,摄入量高,消化率高。青贮玉米的持绿性一定要好,应具有较高的粗蛋白质含量、淀粉含量、脂肪含量、离体消化力和细胞壁消化力,适量的矿物质元素和维生素,较低的中性洗涤纤维含量、酸性洗涤纤维含量和木质素含量。三是成熟期适宜。晚熟玉米杂交种具有较大的叶面积指数、较长的叶面积持续时间和较高的干物质产量。因此，只要能适时收获，应选育较晚熟的青贮玉米杂交种。四是抗病抗倒伏。要高抗大斑病、小斑病、丝黑穗病、黑粉病等主要病害。倒伏对青贮玉米的影响比普通玉米更大，生物产量的减产可高达40%。另外，倒伏不仅不利于机械化收割，也会降低营养品质。

在生产上要合理搭配选用品种。使用不同熟期的品种，既可以解决收获、加工贮藏机械的不足，也可以最大限度地提高产量。在播种期上，要考虑收割时具有好的气候条件，以利于青贮。青贮玉米的种植密度适宜，不能过高或过低。种植密度过低会降低产量，种植密度过高容易倒伏和降低品质。一般情况下，青贮玉米的种植密度比普通玉米高10%～20%，即每667米^{2}4 000～5 000株较为适宜。

不同收获时期对青贮玉米的产量和品质影响很大。收获过早或过晚，都会造成生物产量降低、营养品质较差和不宜青贮。玉米植株的含水量在65%～75%是青贮玉米的最适收获期，此时，玉米处在乳熟期和蜡熟期之间，从籽粒顶部算起，乳线在1/4～3/4。

八、爆裂玉米

爆裂玉米又称爆花玉米，是生产玉米花食品的专用品种。在我国农家品种中，爆裂玉米俗称麦玉米、刺苞谷、尖玉米等。从籽粒形状上，可分为米粒形和珍珠形两类，这种玉米一般具有多穗性，每株可成穗2～3个，果穗细长、较小，籽粒小，百粒重一般在11～15克。粒色有黄、白、紫、红等。籽粒为硬粒型，胚乳几乎全部为角质淀粉，仅中部有少许粉质淀粉。在常压下遇到高温，粉质淀粉中的气体膨胀，又受到外部角质淀粉的阻碍，达到一定压力后即发生爆裂，产生玉米花。一般爆裂后的体积比原来增加23～30倍，品种之间有差异。现在生产上利用的爆裂玉米品种，是经过育种专家选育而成的，已不再是农家品种。爆裂玉米品种，要求产量高、百粒重适中、膨爆性好，还要有较好的适口性和较高的营养价值，市场上出售的爆裂玉米是食品原料,不是生产用种。

第三节 玉米杂交种的类型

玉米杂交种分为单交种、双交种、三交种、顶交种和综合品种。

一、单交种

单交种是由两个优良玉米种自交系组配而成的杂交种。玉米单交种的基因型具有整齐一致的异质性,长出的植株表现整齐一致,看上去株高、穗位近乎在一个水平面上,果穗的大小也很均匀。优良玉米单交种所表现出来的杂种优势,明显高于其他类型的杂交种。一些高产典型的品种都是由单交种创造的。一般来说,单交种也要求比较高的肥水条件,在土石山区的旱薄地上,也难以发挥出它的增产潜力。

二、双交种

双交种是由两个单交种杂交而成的杂交种。在种子生产上其父母本都是单交种,同样具有产种量高的优势,但增产潜力不如优良的单交种。双交种的种子生产程序比较复杂,因为它的父母本是单交种,涉及 4 个玉米自交系,即先要配成两个单交种后才能配双交种。目前生产上已很少种植,仅有维尔 42 等。在玉米杂交种的发展历史上,双交种起过显著的增产作用,这在国内外都是如此。例如,农大 4 号等玉米双交种,在 1965 年仅山西省推广面积就达到 33 万多公顷,占当时山西省玉米种植面积的 2/3,有效地推动了山西省玉米生产的发展。

三、三交种

三交种是由 1 个单交种和 1 个自交系杂交产生的杂交种。在种子生产上,一般以单交种作母本,以自交系作父本,因为用单交种作母本会产生比较多的杂交种子,降低了种子生产成本。三交种的整齐度不如单交种,但一个优良的三交种具有比单交种更好的适应性和抗逆性,也会获得比较高的产量。由于我国近年玉米生产水平的不断提高,育种工作者大都把主要精力放在选育单交种上,三交种在生产上应用面积并不大,目前主要推广的品种有鲁原三 2 号、七德三交等。

四、顶交种

顶交种是品种与自交系间的杂交种。此品种是以优良的农家品种作母本,以玉米自交系作父本来配成顶交种。而现今生产上利用的顶交种,已在原来的概念上有所扩大,组配方式有综合品种为母本,自交系为父本配成顶交种,把玉米单交种作母本,以综合品种作父本配成的杂交种也称顶交种,如广西壮族自治区的桂顶 1 号,就是以玉米单交种中单 2 号作母本,以从墨西哥引进的综合品种墨黄 9 号为父本配制而成的。在品种名称上一般都有个"顶"字,用以区分杂交种的类型。这些顶交种在我国的广西、广东等地近年来发展较快,取代了部分农家品种,甚至一些单交种也让位于顶交种,因为顶交种一般表现出更好的抗逆性,如抗旱、抗病、耐瘠薄。既有好的适应性,又有相当的丰产性,这在西南诸省的土石山区是难得的优良特性,像广西壮族自治区的桂顶 1~4 号,正是适应了这种需要而迅速发展起来的。这也给人们一个启示,任何一个好的品种必须具备一定的生产条件和适宜的栽培技术,才能发挥出增产潜力,如果把一个具有吨粮潜力的单交种,种到南方山区土层不足 20 厘米,还经常遇到干旱的田里,不仅不会增产,产量还可能达不到适宜当地种植的顶交种或农家品种的水平。

五、综合品种

综合品种就是选用多个优良自交系(或农家品种)经一定的交配方式均匀混合后,再经过选择改良的生产用品种,这种品种可连续多年种植。综合品种有几个特点:一是来源于一个或多个优良农家品种,或多个优良杂交种,或多个优良玉米自交系混合而成的。二是在选育过程中,虽然选择方法不同,但育成后都要在隔离条件下自由授粉、繁殖种子,使得植株间相互授粉杂交,维持综合品种内的动态平衡,杂种优势可以保持多代。三是与单交种等杂交种相比,它的遗传基础比较宽,具有比较好的适应性,特别在西南山区,一些优良综合品种表现出抗旱、耐瘠薄等特性,明显优于、单交种。综合品种在连续种植过程中,要尽可能保持综合品种的优良特性。综合品种在推广过程中,应选择相对隔离、连续种植的田块留种,才能保持该综合品种的种性。种子生产部门还应在隔离区内专门繁殖种子,注意在开花前拔除弱株、病株、劣株,保证种子质量,以便定期更换生产上已混杂的综合品种。

第四节 玉米的种植区域

根据全国各地的土壤、气候、栽培制度和品种生态类型等特点,可将玉米的种植区域划分为 7 个玉米产区。

一、东北春玉米区

包括黑龙江省、吉林省、内蒙古自治区和辽宁省的北部地区。年积温 2 000～2 600℃,生育期天数 120～140 天。年降水量 500～600 毫米,60%集中在夏季。温度、水分基本上可以满足玉米生长发育的需要。春季雨水少,蒸发量大,易春旱,注意保墒,抢墒早播。土壤以黑钙土、黑土、棕色土为主,土壤肥沃,地势平坦,适于机械化作业。春播 1 年 1 熟制。栽培方式为玉米清种或间作。适宜种植早熟、中早熟或中晚熟品种。一般采用早播促熟,降低粮食含水量以提高产量的栽培方法。4 月下旬至 5 月上旬播种,9 月上中旬收获。

二、南方丘陵玉米区

包括广东省、海南省、福建省、江西省、浙江省、台湾省、上海市和湖南省、湖北省东部、广西壮族自治区南部、江苏省、安徽省的淮河以南地区。该区属亚热带湿润性气候,气温高,雨量多,生育期长。3～10 月份平均气温在 20℃左右,夏季在 28℃左右。年降水量为 1 000～1 700 毫米,台湾省和海南省达 2 000 毫米以上。土壤为黄壤土和红壤土,土质黏重,肥力不高。玉米多在丘陵山区及淮河流域种植。广西壮族自治区南部有双季玉米,湛江市、海南省有冬种玉米。栽培方式多为畦作,便于排水防涝。1年2熟制的春玉米,一般在3月下旬至4月上旬播种,7月下旬至8月上旬成熟;1年3熟春玉米,在2月下旬播种,6月中旬成熟;夏玉米6月下旬播种,9月中旬成熟;秋玉米7月中旬至8月上旬播种,10月上旬至下旬成熟;冬玉米11月上旬播种,翌年3月初收获。

三、西南山地丘陵玉米区

包括广西壮族自治区、四川省、贵州省、云南省和湖北省、湖南省的西部丘陵山区、甘肃省白龙江以南地区。该区属温带湿润性气候,雨量充沛,海拔差异大,气候变化较复杂。年降水量600～1000,毫米,多集中在4～10月份。有些地区阴雨多雾天气较多,日照少,云贵地区地势垂直差大。土壤多为红、黄黏壤土,山地为森林土。种植制度,在高寒山区为1年1熟制,以春玉米为主,要求早熟或中早熟品种。气候温和的丘陵地区以2年5熟的春玉米或1年2熟的夏玉米为主。春玉米要求中熟或中晚熟品种,夏玉米要求中熟或中早熟品种。秋玉米一般7月中旬播种,9月底至10月初收获,要求早熟或中早熟品种。

四、西北内陆玉米区

包括新疆维吾尔自治区、宁夏回族自治区和甘肃省。该区雨量少,气候干燥,日照充足,昼夜温差大,有利于玉米栽培。年降水量200毫米以下,新疆维吾尔自治区焉耆回族自治县、甘肃省瓜州县等部分地区年降水量仅60毫米左右,相对湿度低于40%,主要靠灌溉种植玉米。因此,玉米一般分布在沿河及主要山脉边缘,利用高山雪水、自流井、坎儿井等进行灌溉来保证玉米产量。土壤为荒漠、半荒漠灰钙土和棕钙土、漠钙土及部分黑钙土。1年1熟春玉米。一般在4月中下旬或5月初播种,8月下旬至9月上中旬成熟,要求中晚熟品种或中早熟品种。有部分地区麦套玉米或复播玉米,宜用早熟或中早熟品种。

五、北方春、夏玉米区

包括北京市、天津市、河北省、辽宁省南部及山西省中北部、陕西省北部地区。年积温 2 700～4 100℃,生育期天数 150～170 天。年降水量 500～700 毫米,70％集中在夏季。气候特点为冬冷干燥,无霜期较长。山区、丘陵地区昼夜温差较大,有利于玉米干物质积累。土壤有黄土、棕色土及部分黑钙土。种植制度,北部为 1 年 1 熟制,南部地区多为 1 年两熟制,即小麦套种玉米或小麦后一茬复播玉米。春玉米一般 4 月中下旬至 5 月初播种,适于种植中熟或中晚熟品种,夏玉米套种、复播玉米需种中早熟或早熟品种。

六、青藏高原玉米区

包括青海省、西藏自治区和四川省的甘孜县以西地区。该区气候特点是高山寒冷,低谷温和,青海省西宁市适宜的玉米生育期为 120 天,西藏自治区拉萨市为 140 天,年积温均在 1 900℃以上,无霜期 90～150 天。年降水量西藏自治区的拉萨市和亚东县等地为 900～1 400 毫米,青海省的西宁市和都兰县等地不足 400 毫米。土壤主要为山地草甸草原土、山地半荒漠土、荒漠土及部分山地森林土。玉米主要分布在青海省南部农业区的民和回族土族自治县、循化撒拉族自治县、贵德县、乐都县、西宁市等地,西藏自治区的亚东、贡觉县和拉萨市等地。种植制度除个别低谷地是 2 年 3 熟制外,基本是 1 年 1 熟制。

七、黄淮平原夏玉米区

包括山东省、河南省、山西省南部、陕西省中南部、江苏省、安徽省的淮河以北地区。该区年积温 4 200～4 700℃,生育期天数 200～230 天。年降水量 400～800 毫米,分布不均衡,春旱、晚秋旱,夏秋易涝,夏季高温多湿。温带半湿润气候,温度高,无霜期长,日照、雨量比较充足。玉米大斑病和小斑病严重。为 1 年两熟制。要求种植生育期为 105～120 天的中早熟或中熟品种。近年来机械化程度提高,农作时间缩短,也可种植中晚熟品种。

第五节　玉米的生育时期和阶段

玉米从种子入土,经过生根、发芽、出苗、拔节、孕穗、抽雄穗、开花、抽丝、授粉、灌浆到种子成熟，叫做玉米的生育期。玉米生育期的长短，因品种特性而异，但也受外界环境条件的制约，即同一品种，在不同的时期播种，生育期的长短亦有差异，主要原因是玉米生育期间要求一定数量的光温条件才能正常成熟。现在玉米生长发育期间所需温度大多以积温表示，也有用活动积温或有效积温表示的，但已不常见了。积温的计算方法是在玉米全生育期每天气温的总和。玉米各品种一生中所要求的温度，只能在自然活动积温内提供。玉米所要求的积温，一般的规定为早熟品种2 000～2 300℃，中熟品种2 300～2 800℃，晚熟品种2 800～3 300℃，种植玉米时应根据当地的气候条件，选用适合的品种。玉米是短日照作物，选用品种时还必须同时考虑日照条件。

玉米在其一生中，由于生长发育的每一阶段各具特点，对于外界环境条件的要求是不同的。应了解各阶段的具体条件，以便在栽培过程中，尽力满足其要求，达到预期的目的。

一、苗期

苗期阶段主要是营养生长阶段，其范围包括种子发芽、出苗到拔节，即幼苗展现6～8片叶，其基部能摸到基节突起，约占全生育期的20%左右。这一阶段的主体是生长根和叶，幼苗由自养过渡到异养。温度对幼苗影响较大。幼苗长到2叶为冻害的临界期。一般说，幼苗2叶前如遇霜冻，不会受到伤害，即使叶片冻坏，新叶可以照常生长，因为其生长点没有冻害。幼苗在5叶前，短时间-2～-3℃低温时将会受到危害，-4℃的低温超过1小时会造成幼苗严重冻害，甚至死亡。在无霜期较短的地区，催芽抢墒早播，早播也必须控制在当地晚霜来临前，玉米幼苗不得超过2叶，否则将会受到冻害。温度超过40℃时，幼苗生长受到抑制。根系在土壤5～10厘米深处，温度在4.5℃以下即停止生长，在20～24℃的条件下生长快而健壮。

土壤深度5～10厘米处地温稳定在10～12℃为播种的最适温度。地温越高出苗越快，5～10厘米深处地温15～18℃时播种，8～10天出苗；在20～22℃时播种，5～6天出苗。近年来，在无霜期较短的地区；或需要躲避某时期自然灾害的地区，推行催芽早播，取得了明显的生产效益。平均气温 18℃时，出苗后 26 天开始拔节，而在 23℃时，仅需 14 天就到拔节期。耕层内土壤持水量 60%～70%比较适宜玉米播种以及幼苗生长，低于 40%或高于 80%对玉米生长发育都有不良影响。

根系生长与叶片生长两者之间有密切的关系。一般情况下，每展现 2 片叶出现 1 层次生根，即展现 1、3、5 片叶时，生长 1、2、3 层次生根，展现第六片叶时生出第四层次生根，展现第八片叶时出现第五层次生根。根系生长的规律，大致是下扎的深度快于水平伸展的长度。玉米展现 1～2 片叶时，根系下扎 20 厘米，水平伸长 3～5 厘米；展现 3～4 片叶时，根系下扎 30～35 厘米，水平伸长 10～15 厘米；展现 5～6 片叶时，根系下扎 55～60 厘米，水平伸长 30～35 厘米；展现 7～8 片叶时，根系下扎 90～95 厘米，水平伸长 35～40 厘米。小苗浅施肥，距苗应在 6 厘米左右；大苗深施肥，距苗约 17 厘米；大喇叭口期施肥，应在行间开沟深施为好。一般习惯上怕玉米吃不上肥料，一律将化肥施在苗根，实际上降低了肥料的利用率。

玉米苗期对肥料的要求不多，但又不能缺肥，一般用量只占总用量的 10%。氮肥不足，幼苗瘦小，叶色发黄，次生根量少，生长慢；氮肥过多，幼苗生长过旺，根系发育较差。缺磷，苗色紫红，根系生长迟缓。缺锌，新生叶脉间失绿，呈现淡黄色或白色，叶基 2/3 处尤为明显，故称白苗病。

二、穗期

从拔节到雌雄穗分化、抽穗、开花、吐丝的生育时期，是营养生长和生殖生长并进阶段。从植株外部形态看，喇叭口期以前为营养生长期，其后以生殖生长为主，是玉米一生中生长发育最旺盛的时期。拔节期开始为生殖生长，全株茎节、叶片已分化完成，并旺盛生长。地下部分次生根分成 5 层左右，靠近地面的茎节陆续出现支撑根。雄、雌穗相继迅速分化，抽穗开花全部完成，茎叶停止生长。

三、花粒期

生殖生长阶段，包括开花、散粉、吐丝、受精及籽粒形成到成熟等过程。雄穗抽出到开花的时间,因品种而异,也受气温、水分的影响,大致是雄穗抽出后 2～5 天开始开花散粉。开花的顺序是先从主轴向上 2/3 部分开始,然后向上向下同时开花,雄穗分枝的开花顺序与主轴相同。开花时,颖壳张开,花药外露,花粉散出。每个雄穗开花时间长短,因品种、雄穗的长短、分枝多少、气候条件而有所不同,一般 5～6 天,最长可达 7～8 天。散粉最盛的时间在开花后 3～4 天,每天开花的时间,天气晴朗时为 7～11 时,其中 9～10 时开花最多。雨后天气放晴即可散粉。阴雨间断,虽然开花时间延长,但还是能够开花散粉。

雌穗花丝从苞叶中抽出的时间,同样与品种、气候条件有关。在正常情况下,果穗花丝抽出的时间与其雄穗开花散粉盛期相吻合。有少数品种,先出花丝后散粉或散粉末期花丝才抽出来。一个果穗上花丝抽出的时间,与雌穗小花分化的时间是一致的。位于果穗基部向上 1/3 的部位花丝最先抽出,然后向上向下延伸,最后抽出的是果穗最上部的花丝。一个果穗花丝抽出的时间为 4～5 天,一般情况下,与其雄穗开花的时间相吻合。花丝抽出苞叶后,任何部位都能接受花粉,完成受精过程。花丝生活能力与温度和湿度有关,一般 5～6 天之内接受花粉的能力最强。平均气温 20～21.5℃,相对湿度为 79%～92% 时,花丝抽出苞叶 10、天之内生活力最高,11～12 天显著降低,15 天以后死亡。授粉后 24 小时完成受精。花丝授粉后停止生长,受精后 2～3 天,花丝变成褐色,渐渐干枯。

开花抽丝期间,当温度高于 32℃,空气相对湿度低于 30%,田间持水量低于 70%,雄穗开花的时间显著缩短。高温干旱,花粉粒在 1～2 小时内失水干枯,丧失发芽能力,花丝延期抽出,造成花期不遇,或花丝过早枯萎,严重影响授粉结实,形成秃尖、缺粒,产量降低。如能及的浇水,改善田间小气候,可减轻高温干旱的影响。

花期吸收磷、钾量分别占总吸收量的 7.4% 和 27%。缺磷,抽丝期推迟,受精不良,行粒不整齐。缺钾,雌穗发育不良,妨碍受精,粒重降低。

花丝受精后到成熟之间,主要是生长籽粒。而籽粒的形成过

81

程,大致分为籽粒形成期、乳熟期、蜡熟期和完熟期。

第一,籽粒形成期。是指自受精到乳熟期。早熟品种为 10～15 天,晚熟品种约 20 天。胚的分化基本结束,胚乳细胞已经形成,籽粒体积增大,初具发芽能力,籽粒含水量 90％ 左右,籽粒外形呈珠状乳白色,胚乳白色浆状,果穗的穗轴基本定长、定粗,苞叶呈浓绿色。

第二,乳熟期。乳熟初期到蜡熟初期为 15～20 天。中早熟品种自授粉 15～35 天,晚熟品种授粉后 20～40 天。胚乳细胞内各种营养物质迅速积累,籽粒和胚的体积均接近最大值。整个籽粒干物质增长较快,占最大干物质量的 70％～80％。胚的干物质积累亦达到盛期,具有正常的发芽能力。籽粒中含水量 50％～80％,胚乳逐渐由乳状变为糊状,苞叶绿色,果穗增长加粗,并与茎秆之间离开一定的角度,俗称"甩棒期"。

第三,蜡熟期。自蜡熟初期到完熟前期为 10～15 天。中早熟品种自授粉后 30～45 天,晚熟品种自授粉后 40～55 天。籽粒干物质积累达到最大值。籽粒含水量下降到 40％～50％,籽粒由糊状变为蜡状,故称蜡熟期。苞叶呈浅黄色,籽粒呈现其固有的形状和颜色,硬度不大,用指甲能够掐破。

第四,完熟期。主要是籽粒脱水的过程。籽粒含水量由 40％ 下降到 20％。籽粒变硬,呈现出鲜明的光泽,用指甲掐不破,苞叶枯黄。关于完熟期的定义,一直没有精确的说法,各地都凭经验判断。从植物生理的角度认为,籽粒胚尖上部出现黑层,证明籽粒已经达到生理成熟,实际上许多品种在蜡熟期就已有黑层了。苞叶变黄,这是习惯上的收获期,有的品种苞叶呈浅黄色时,其籽粒已经变硬,通常就说由里向外熟。各地应根据实际情况,决定成熟收获的时间。

籽粒形成的整个时期,自授粉到成熟的 40～50 天,对温度要求 22～24℃。在此范围内,温度高,干物质积累快,特别是昼夜温差大,籽粒增重更为显著。当温度低于 16℃,光合作用降低,淀粉酶活动受到抑制,影响淀粉的合成和积累,籽粒灌浆不饱;温度高于 25℃,出现高温逼熟,籽粒秕小,降低产量。土壤持水量 75％ 左右为宜,否则植株早枯,粒小粒秕。

光照条件是影响粒重的主要因素之一。籽粒干物质中的绝大部分是通过光合作用合成的。生产上选用品种时,既要考虑到植株叶片大小,又要大穗大粒,这就是人们常说的库源关系。源足库大,才能高产。在管理上,要最大限度保持绿叶面积,特别是果穗以上的绿叶面积,通风透光,增强光合作用,延长灌浆时间,扩大库容量,实现穗大、粒多、粒重,达到高产的目的。

在灌浆期间,吸收氮素约占总吸收量的46.7%。氮素适量,可延长叶片功能,防止早衰,促进灌浆,增加粒重;氮素过多,容易贪青晚熟,影响产量。磷素吸收量约占总吸收量的35%,对受精结实以后的籽粒发育具有重要作用。

第六节 肥料基本知识

一、常用化学肥料的性质及使用

化学肥料又称无机肥料,是指用化学方法合成或由矿石经加工而制成的肥料。常用的化学肥料主要有磷肥、钾肥和氮肥。

1. 磷肥

磷肥分为水溶性磷肥、弱酸溶性磷肥和难溶性磷肥三类。

(1)弱酸溶性磷肥。肥料中的磷不溶于水而溶于弱酸。弱酸溶性磷肥在土壤中移动性差,不易流失,肥效比水溶性磷肥缓慢,肥效保持时间长,物理性状较好,不吸湿,不结块,便于贮存、运输和施用。在酸性土壤的条件下,弱酸溶性磷肥可逐步转化为水溶性磷酸盐,可提高磷肥的有效性。弱酸溶性磷肥的代表品种为钙镁磷肥。钙镁磷肥主要成分为无定形磷酸钙盐,含有效磷(P_2O_5)14%~20%,灰绿色或灰褐色粉末,不吸湿不结块,适宜在酸性土壤上作基肥施用。与有机肥料混合堆沤施用,可提高钙镁磷肥的有效性。

(2)水溶性磷肥。能在水中溶解,容易被作物吸收,是速效性磷肥。水溶性磷肥在土壤中会被铁、铝、钙等物质固定,变成难溶性磷,降低肥效。所以,在施用水溶性磷肥时,要采取适当的措施,减少和防止磷被固定。目前常用的水溶性磷肥主要是普通过磷酸钙。普通过磷酸钙[$Ca(H_2PO_4)_2 \cdot H_2O$]，简称普钙。含有效磷（P_2O_5）14%～20%，并含有50%左右的硫酸钙、2%～4%的硫酸铁、硫酸铝及少量游离酸。普通过磷酸钙为灰色粉末或颗粒状，易溶于水，肥效迅速，呈酸性反应。具有腐蚀性和吸湿性，易结块，因此，贮运时要注意防潮。普通过磷酸钙适用于各类土壤和各种作物。主要用作基肥和种肥，也可作追肥。由于普通过磷酸钙中的磷移动性小，又容易被土壤固定，所以应采取深施、集中施，与有机肥料混合施用及根外追肥。

（3）难溶性磷肥。难溶性磷肥在水或弱酸里都难溶解，只有在较强的酸里才能溶解，为作物吸收利用，所以适宜在酸性土壤上施用。常用的难溶性磷肥主要是磷矿粉。磷矿粉主要成分是 $Ca_5(PO_4)_3 \cdot F$ 等，含有效磷14%～36%，其中有1%～5%是弱酸溶性，其余都是难溶性的。磷矿粉为灰褐色粉末，中性至微碱性，不吸湿，适宜在酸性土壤施用，尤其在红壤上、黄壤土施用效果更好。由于磷矿粉是迟效性肥料，所以应该提前作基肥施用。施用前先与有机肥料共同腐熟后使用或者与生理酸性或酸性肥料混合使用，能够提高肥效。

2. 钾肥

钾肥在土壤中溶解后形成钾离子（K^+），能被土壤黏粒所吸附。所以，施在黏土中，钾不易流失。而沙土中含黏粒少，对钾的吸附能力弱，容易随水流失。目前常用的钾肥有氯化钾和硫酸钾。

（1）氯化钾（KCl）。为淡黄色或灰白色的结晶。含氧化钾48%～60%，易溶于水，吸湿性强。不宜施用于忌氯作物和盐土地上。在酸性土壤作基肥时，应和有机肥、磷矿粉或石灰配合施用，防止土壤酸化。

（2）硫酸钾（K_2SO_4）。白色或淡黄色结晶，含有效钾（K_2O）48%～52%。易溶于水，肥效快，为生理酸性肥料。不易吸湿结块，便于贮存和施用。硫酸钾适用于各种作物，对烟草、甜菜、茶树等忌氯作物以及喜硫作物施用尤为适宜。硫酸钾可作基肥、追肥。

3. 氮肥

氮肥的品种很多，根据氮素在肥料中存在的形态可以分为硝酸态氮肥、铵态氮肥、酰胺态氮肥三类。

(1)硝酸态氮肥。氮素以硝酸根离子 NO_3^- 的形态存在,如硝酸铵(NH_4NO_3)和硝酸钠($NaNO_3$)等。硝酸态氮肥易溶于水,可直接被作物吸收利用,是速效肥料。硝酸根离子不能被土壤胶粒所吸附,容易随水流失。在通气不良和有新鲜有机质存在的条件下,硝酸态氮进行反硝化作用,产生挥发气体造成氮素损失。因此,硝酸态氮肥不适宜在水田施用。硝酸态氮肥吸湿性很强,贮运时要特别注意防潮。多数硝酸态氮肥受热时能分解出氧,易燃易爆,在贮运中应注意安全。

我国目前使用的硝酸态氮肥主要是硝酸铵。硝酸铵为白色结晶,含氮量 $33\% \sim 35\%$,易吸湿结块。硝酸铵中的 NH_4^+ 和 NO_3^- 离子都能被作物吸收利用,土壤中不留任何残渣,故为生理中性肥料。适于施用各种作物以及除水稻田以外的各种土壤。硝酸铵在土壤中移动性大,容易流失,在雨水多的地区及水浇地块不宜作基肥。硝酸铵也不宜作种肥。因易吸水潮解,黏附在种子上则抑制种子发芽。硝酸铵中的铵态氮也会挥发损失,作追肥要深施覆土。在沙质土壤上作追肥施用时,要少量多次。硝酸具有助燃性,高温下易爆炸,贮运时不能与煤油、锯末、秸秆等易燃物放在一起。

(2)铵态氮肥。氮素以 NH_4^+ 或 NH_3 的形态存在。如硫酸铵$[(NH_4)_2SO_4]$、氯化铵(NH_4Cl)、碳酸氢铵(NH_4HCO_3)和氨水($NH_3 \cdot H_2O$)等。铵态氮肥易溶于水,有利于植物吸收利用,是速效肥料。NH_4^+ 能够被土壤胶体代换吸附而保存起来。所以,铵态氮肥在土壤中移动性小,不易被水淋失。铵态氮肥在土壤中形成的 NH_4^+ 在适宜的条件下,经土壤微生物的作用,可转化为硝酸态氮,这种转化称为硝化作用。由于硝酸态氮不能被土壤胶体吸附,因而增强了它在土壤中的移动性。铵态氮肥遇到碱性物质会造成氮素的挥发损失。因此,在贮藏和施用时要避免与碱性物质混合。我国目前使用的铵态氮肥主要有以下几种。

1)氯化铵:白色结晶,含氮 $24\% \sim 25\%$,吸湿性弱,不易结块。施入土壤后,铵离子被作物吸收,氯离子残留在土壤中,使土壤酸性增加,故为生理酸性肥料。在酸性土壤上应注意配合石灰施用。氯化铵中含有大量的氯离子,对种子萌发、出苗有抑制作用,不宜作种肥和秧苗施肥。马铃薯、甘薯、烟草、甜菜、茶叶等忌氯作物不宜施用,以免影响产品品质。氯化铵施于盐土会加重盐害,应避免使用。

2)硫酸铵:纯硫酸铵为白色结晶,含氮 20%～21%,易溶于水,是速效肥料。理化性质稳定不易挥发,吸湿性小,不易结块,但在石灰性土壤上如果表施硫酸铵,也会引起氨的挥发损失。硫酸铵在土壤溶液中解离成 NH_4^+ 和 SO_4^{2-},其中 NH_4^+ 被作物吸收利用,残留在土壤中的 SO_4^{2-},使土壤酸化,因此硫酸铵被称为生理酸性肥料。硫酸铵适于各种土壤,可作基肥、追肥和种肥。作基肥宜与有机肥料配合使用,作种肥拌种时注意种子要干,随拌随播,以免影响种子发芽。作追肥时应深施覆土,水稻田不宜大量施用硫酸铵,否则,在缺氧的还原层,硫酸根被还原成硫化氢,使稻根发黑。

3)碳酸氢铵:白色细粒结晶,含氮 17%～18%,有氨臭味,易溶于水,呈碱性反应。碳酸氢铵不含副成分,适用于任何土壤和各种作物。碳酸氢铵在自然状态,容易吸潮分解,造成挥发损失。这种挥发会随着温度升高或湿度增加而加快;挥发释放的氨气还会熏伤作物的幼苗和茎叶。碳酸氢铵不宜作种肥,也不能和种子存放在同一个库里,作基肥和追肥时都要深施盖土,切忌表施、撒施。贮存和运输时要密封,严防受潮、暴晒及过久贮存。

(3)酰胺态氮肥。含酰胺基(—$CONH_2$)的化肥主要是尿素。尿素(NH_2CONH_2)为白色针状结晶,含氮量 44%～46%,是高浓度肥料。尿素易溶于水,颗粒状尿素吸湿性不大,物理性状较好,是今后大力发展的氮肥品种。尿素施入土壤后,有一部分能被土壤吸收保存,可减少淋溶损失。尿素能以分子状态被植物吸收,但数量很少,大部分尿素都必须在土壤微生物分泌脲酶的作用下转化为铵态氮后,被植物吸收利用。铵态氮肥易挥发,故尿素也应深施。由于转化需要一定的时间,所以尿素作追肥比一般肥料要提前 3～5 天施用。

尿素适宜各种作物和土壤。可作基肥和追肥,不宜作种肥。因养分含量高,直接接触种子,影响种子萌发。尿素最适宜根外追肥。

二、有机肥料

1. 有机肥料的特点

有机肥料是指含有丰富的有机质的肥料。一般都是动植物的残体和动物的排泄物,由农家自己在当地种植、收集、堆制而成,所以习惯上称为农家肥料。有机肥料和化学肥料相比,具有一些特点:一是有机肥料养分全面。有机肥料含有作物所需要的各种营养元素,是一种完全肥料。二是有机肥料肥效稳定而持久。有机肥料所含的养分多是有机化合物,必须经过微生物的分解转化,才能被作物吸收利用,因此肥效稳定而持久,是一种迟效性肥料。三是有机肥料有利于改土培肥。有机肥料含有丰富的有机质,它是土壤腐殖质的重要来源,腐殖质能促进土壤团粒结构的形成,改良土壤性质,提高土壤肥力。四是有机肥料种类多,数量大,来源广,成本低。五是有机肥料养分含量低,施用量大,费工、费时,因此,提高有机肥料的质量十分必要。

2. 有机肥料的种类和施用

(1)堆肥与沤肥。堆肥和沤肥都是利用作物秸秆、杂草、草皮、树叶、垃圾等为主要原料,加入人畜粪尿和土堆制或沤制而成。堆肥和沤肥二者的积制方法不同,沤肥是在淹水条件下以嫌气性分解为主制成的;堆肥是在通气条件下以好气性分解为主制成的。堆肥肥效缓慢而持久,宜作基肥施用,优质腐熟的堆肥还可以作种肥和追肥。沤肥一般用作稻田基肥,也可用于旱地。

(2)人粪尿。人粪尿是人粪和人尿的混合物,是我国农村普遍施用的一种农家肥。人粪尿养分含量高,分解快,肥效迅速,适于各种作物。人粪尿含氮较多,氮素是尿素态,易被作物吸收利用,是一种速效性肥料。可作基肥,也可作追肥,随水灌溉或兑水3～5倍泼施。在施用前人粪尿应经过5～15天的充分腐熟,以杀死粪便中的病菌和寄生卵。

(3)绿肥。凡是用作肥料的植物绿色体均称为绿肥。专作绿肥栽培的作物叫绿肥作物。绿肥除具有一般有机肥的特点外,对农业生产还有重要的意义,如改善田间小气候、净化环境、消灭农田杂草等。因此,发展绿肥是广辟肥源,解决有机肥料不足及生物养田的一个重要途径,是保护生态环境,防止水土流失的重要措施,有利于畜牧业和养蜂业的发展。绿肥作物种类很多,根据生物学特性可以分为豆科与非豆科绿肥作物,一年生与多年生绿肥作物,夏季与冬季绿肥作物,草本与木本绿肥作物等。

(4)家禽粪。家禽粪是鸡、鸭、鹅、鸽粪的总称。家禽粪中的养分高于家畜粪尿,其中氮素以尿酸态为主,不易被作物吸收利用,并且对作物根系生长有害,因此在作肥料时应先堆腐后施用。家禽粪多施用于菜地和经济作物,每 667 米^2 50～100 千克,混入 2～3 倍土施用,也可与其他肥料配合施用。

(5)家畜粪尿和厩肥。家畜粪尿包括猪、马、牛、羊的粪尿,也是我国农村普遍施用的一种有机肥。畜粪中的养分主要是有机态,分解比较慢,是迟效肥料。畜尿中的尿素等比较容易转化成速效态。畜粪中的有机质及氮素含量多,磷、钾较少。畜尿中含氮、钾多,含磷少。

各种家畜粪尿中的养分含量差别较大,以羊粪尿最多,猪、马次之,牛粪尿最少。羊粪和马粪分解腐熟快,发热量大,是一种热性肥料。而牛粪分解腐熟慢,发热低,是一种凉性肥料。猪粪属温性肥料。根据不同肥料的这些特点,使用时应因地制宜、区别对待。

厩肥是以家畜粪尿为主,加上各种垫料混合积制而成的肥料,也称栏粪或圈粪。厩肥经过堆积和熟腐,可以促进养分释放,并能消灭病原菌、虫卵和杂草种子。厩肥大都用作基肥,充分腐熟也可用作种肥和追肥。

三、肥料的合理施用

1. 合理施用化肥的概念

施肥是调节作物营养、提高土壤肥力、获得农业持续高产的一项重要措施,但施肥与作物产量之间不是简单、机械的增减关系。在一定范围内,多施肥料可增加产量,但盲目地滥用肥料,不仅造成浪费,反而会引起作物贪青晚熟或倒伏,或易受病虫危害。

合理施肥是在一定的气候和土壤条件下,为栽培某种作物或轮作周期中各种作物所采用的正确施肥措施。合理施肥的中心问题是最合理地满足作物对养分的需要,减少营养成分的损失,提高肥料利用率和提高经济效益,增产稳产。

2. 提高肥料利用率措施

肥料利用率是指当季作物吸收利用的养分数量占所施肥料中该养分总量的百分数。目前,氮肥的利用率仅在 50% 左右,磷肥的利用率更低,仅有 10%~25%。因此,提高肥料利用率,发挥肥料的最大增产效益是有很大潜力可挖的。

(1)氮、磷、钾等营养元素配合。各种营养元素对作物的生长发育有着不同的作用,各种营养元素之间不能互相代替。作物在生育过程中,对氮、磷、钾等营养元素都是按一定比例吸收利用的,如果土壤中缺乏其中的任何一种,即使其他营养元素含量再多,也不能保证作物的正常发育。目前在氮肥施用水平不断提高的情况下,必须十分重视配合施用磷、钾肥,才能充分发挥氮肥的增产作用。随着作物产量的提高和对氮、磷、钾化肥用量的增加,也要重视微量元素肥料的施用。

(2)直接肥料与间接肥料的配合。直接肥料供应养分,间接肥料改良土壤,二者配合施用,可使直接肥料得到充分的利用。例如,在酸性土壤上施用石灰,使土壤 pH 值由 4.5 提高到 6.5 时,然后再施用过磷酸钙,磷的利用率可提高 17%~18%。

(3)有机肥与化肥配合。以有机肥为主,配合施用化学肥料,能够充分发挥两种肥料的长处,补其短处,使改土和供肥、速效与迟效、单一养分与多种养分相统一,从而取长补短,缓急相济,增进肥效,达到提高肥料利用率的目的。

(4)各种肥料要正确混合施用。正确的混合施用肥料,可以同时按比例为作物供应养分,提高肥效,还可以减少施肥次数,提高劳动生产率。但也有些肥料不能混合施用,根据肥料的性质,各肥料间能否混合主要有三种情况,一是可以混合;二是可以随混随用不能久放的;三是不可混合。

(5)合理轮作,用地养地相结合。针对不同熟化程度甘薯、绿豆、油菜等"先锋作物"以培肥改土为主。提高土壤肥力,在水源充足的地方可实行水旱轮作。

(6)改进施肥方法。根据肥料性质采取相应的施肥方法,能有效地提高肥料利用率。例如,氮肥改地面撒施为深施覆土,将氮肥与细土或加入有机肥、磷肥、农药等制成球状肥施用,都能有效地防止氮素的挥发损失。磷、钾肥采取早施,集中深施于根系附近,既可提高磷、钾对土壤理化性质的改变,又可加速土壤熟化。施用石灰中和土壤酸性,增施磷肥。

(7)注意全面规划。把治山、治水与改田结合起来发展。

第七节　农药的基本知识

一、农药的分类

农药的品种很多,为了使用上的方便,常根据它们的防治对象、作用方式及化学成分等进行分类。根据农业上防治对象的不同,农药大致可分为杀虫剂、杀螨剂、除草剂、杀菌剂、杀线虫剂、杀鼠剂、植物生长调节剂等。每一类又可根据其作用方式、化学结构再分为许多类。以下分别加以说明。

1. 杀虫剂

是用来防治农、林、卫生及贮粮害虫的农药。根据它们的作用方式可分为以下几类。

(1)熏蒸剂。以气体状态通过呼吸系统进入害虫体内使之中毒死亡的药剂。如磷化铝等。

(2)内吸剂。凡是内吸杀虫剂,能被植物吸收,并在植物体内传导或产生代谢物,在害虫取食植物汁液或组织时能使之中毒死亡的药剂。如乐果等。

(3)胃毒剂。害虫取食后,经口腔通过消化道进入体内而引起中毒死亡的药剂。如敌百虫等。

(4)触杀剂。药剂接触害虫的表皮渗入虫体内使之中毒死亡的药剂。如叶蝉散等。

此外,还有特异性杀虫剂。如驱避剂、引诱剂、拒食剂、不育剂、粘捕剂、昆虫生长调节剂等。

2. 杀螨剂

用来防治植食性螨类的化学药剂。按它们的作用方式多为触杀剂,但也有内吸剂。

3. 除草剂

是防除杂草和有害植物的药剂。按对植物作用方式可分为以下两种。

(1)选择性除草剂。施用后能有选择地毒杀某些种类的植物,而对另一些植物无毒或毒性很低的药剂。如 2,4-D 丁酯可防除阔叶杂草,而对禾本科作物无害。

(2)灭生性除草剂。这类除草剂对植物缺乏选择性或选择性小。如草甘膦等。

此外,按使用方法分为茎叶处理剂和土壤处理剂等。

4. 杀菌剂

是用来防治植物真菌病害或细菌病害的药剂。从作用原理可分为以下两种。

(1)保护剂。在病原菌侵入之前用来处理植物或植物所处环境(如土壤)的药剂,以保护植物免受危害。如波尔多液等。

(2)治疗剂。是在病原菌侵入植物后或植物已经感病时,用来处理植物使其不再受害的药剂。如托布津等。

按原料来源和主要成分,杀菌剂可分为无机铜制剂、无机硫制剂、有机硫杀菌剂、有机磷杀菌剂、植物杀菌素、农用抗菌素等。

此外,杀菌剂根据能否被植物吸收并在体内传导的特性,分为:内吸性杀菌剂与非内吸性杀菌剂两大类。大多数内吸杀菌剂具有治疗及保护作用,而大多数非内吸性杀菌剂只有保护作用。

5. 杀线虫剂

是一类用来防治植物线虫病害的药剂,大多数具有熏蒸作用。

6. 杀鼠剂

是防治鼠类的药剂,主要是胃毒作用。一般按化学组成分为无机杀鼠剂(如磷化锌)和有机杀鼠剂(如敌鼠)等。

二、农药剂型

1. 乳油

在农药原药中加乳化剂,原药则还需加溶剂和助溶剂,混合均匀制成透明油状液体。主要用于喷雾。

2. 颗粒剂

是将药剂加入某些载体混合之后,经加工制成的颗粒状制剂。

3. 粉剂

粉剂主要用于喷粉和掺入细土撒施。

4. 可湿性粉剂

原药、填充料和湿润剂经过机械粉碎混合制成。可湿性粉剂供喷雾使用。

除了上述 4 种主要剂型之外,还有可溶性粉剂、水剂、乳膏、胶剂、烟剂、气雾剂、片剂和胶悬剂等。

三、农药的使用方法

施用农药的目的是为了防治病、虫、草害,保证农作物丰收。如果使用不当,会抑制或破坏农作物的正常生长发育规律,造成不同程度的药害。

农药对农作物的药害可分为急性和慢性两种。急性药害在喷药后几小时至数日内即表现出来,征象很多。例如,叶片或果实出现斑点、黄化、失绿、枯萎、卷叶、落叶落果、缩节簇生等。慢性药害要经过较长时间才表现出来。例如,使光合作用减弱,花芽形成及果实成熟延迟,矮化畸形,风味、色泽恶化等。

应合理选择药剂和稀释剂;减少用药次数,确定农药的适当浓度及确定合适的施药时期,以提高药效;确保农作物的安全。

1. 农药浓度的表示法与换算

(1)百分浓度与百万分浓度之间的换算。百万分浓度(毫克/升)=百分浓度×10 000(即 1%浓度等于 10 000 毫克/升)。

(2)倍数法与百分浓度之间的换算。百分浓度(%)=原药剂

浓度×100÷稀释倍数

例如:用20%叶蝉散乳油稀释800倍后,其浓度为多少?

解:百分浓度(%)＝20%×100÷800＝0.025

2.农药稀释的计算法

(1)求原药剂用量。原药剂用量＝(所配药剂重量×所配药剂浓度)÷原药剂浓度

例如:配制15毫克/升溴氰菊酯药液25升,需用2.5%溴氰菊酯乳油多少克?

解:已知原药剂浓度为2.5%,稀释液重量25千克,相当于25 000克药液,即需2.5%溴氰菊酯乳油＝25 000×15÷1 000 000÷0.025＝15(克)

(2)求稀释剂用量。稀释剂用量＝(原药剂浓度－所配药剂浓度)×原药剂重量÷所配药剂浓度

例如:有80%敌敌畏乳油0.5千克,配成0.04%的浓度,需加水多少千克?

解:稀释水用量＝(80%×0.5÷0.04%)－0.5＝999.5(千克)

(3)求稀释倍数。稀释100倍以下的农药,计算稀释量时要扣除原药所占的1份,如稀释50倍,即用原药剂1份加稀释剂49份;稀释100倍以上的农药,计算稀释量时可不扣除原药剂所占的1份,如稀释1 000倍,即用原药剂1份加稀释剂1 000份。

例1:用90%晶体敌百虫防治棉花害虫,每667米²用药75克加水90升喷雾,求稀释倍数?

解:敌百虫稀释倍数＝90 000/75＝1 200(倍)

例2:用含5万单位的井冈霉素水剂,加水稀释成50单位的浓度使用,求稀释倍数?

解:井冈霉素稀释倍数＝50 000/50＝1 000(倍)

例3:用松脂合剂5千克,加水稀释20倍使用,问共需加水多少升?

解:因稀释在100倍以下,根据上式得所配药剂重量＝原药剂重量×稀释倍数＝5×20＝100(升),则所需加水量＝100－5＝95(升)。

3.农药使用方法

(1)喷粉法。是用喷粉器的气流把粉剂喷洒在农作物或虫体上。

（2）撒毒土法。是将药粉用细土、细沙、炉灰等混合稀释后撒施。

（3）喷雾法。利用喷雾器械使药液在一定的压力或离心作用下，分散成细小雾点，均匀覆盖在作物、虫体、杂草上。

农药的使用方法还有泼浇法、拌种法、毒饵法、种苗浸渍法和熏蒸法。

4. 合理轮换使用农药

农药对于防治病、虫、草害，保护植物生长，保护人民健康具有重要作用，但在使用过程中病菌、害虫、草不可避免地要产生抗药性。减缓抗药性的措施如下。

（1）利用增效剂。凡是在一般浓度下单独使用时对昆虫并无毒性，但与杀虫剂混用时，则能增加杀虫剂的效果，这类化合物称为增效剂。现使用的增效剂主要有 4 种：增效醚、丙基增效剂、亚砜化合物、增效菌。

（2）综合防治。防治作物病、虫害除了使用化学药剂以外，还可以采取耕作栽培、田园卫生、抗病虫品种等多种手段。把它们很好地结合起来，避免大量用药，对预防病菌、昆虫产生抗药性起到积极的作用。

（3）交替用药。交替使用不同作用机制的药剂，可以阻止和破坏抗药性菌株、害虫、杂草的适应过程，从而防止了抗药性的发展。

（4）混合用药。混合使用不同作用机制的药剂，不仅能延缓抗药性，而且能起到兼治病、虫及草害，增强药效，减少用药量，降低成本等作用。

四、安全使用农药

1. 农药对人畜的毒性

农药是通过呼吸道、皮肤、消化道进体内，侵害人畜的。当进入人体内的农药量超过正常人的最大忍受量时，人的正常生理功能受到影响，出现生理失调、病理改变等系列的中毒现象，如头昏、恶心、呕吐、抽搐痉挛、呼吸困难、大小便失禁等中毒症状。农药对人畜毒害可分为三种表现形式。

（1）慢性中毒。是指接触农药量较少，但时间长而产生的累积性的中毒。农药进入人体后累积到一定量才表现出中毒症状，一般不易被察觉，诊断时往往误认为是其他症状。

（2）亚急性中毒。一般是指人在接触农药 48 小时内出现中毒症状，时间比急性中毒长，症状表现缓慢。

（3）急性中毒。农药被人一次口服、吸入或皮肤接触量较大，在 24 小时内就表现出中毒症状的为急性中毒。

为防止上述农药对人、畜的毒害，在农药生产、运输、贮存、使用过程中，必须遵守《剧毒农药安全使用注意事项》和有关规定，防止农药中毒的事故发生。

2. 安全防护要注意的事项

一是农药在贮运、配制、施药、清洗过程中，要穿戴必要的防护用具，尽量避免皮肤与农药接触。二是田间施药前，要检查药械是否完好，以免施药过程中跑、冒、滴、漏。三是施药人员操作过程中要严禁进食、喝水或抽烟。四是施药时人要站在上风头，实行作物隔行施药操作。五是施药后要及时更换工作服，及时清洗手、脸等暴露部分的皮肤、更换下来的衣服以及药械等。同时，注意清洗的废水不要污染河流、池塘等水系。

3. 农药配制时的注意事项

一是农药配制时取用量要根据其制剂有效成分的百分含量、单位面积的有效成分用量和施药面积来计算。二是不能用饮水桶配药，不能用盛药水的桶直接下沟河取水，不能用手或胳臂伸入药液或粉剂中搅拌。三是开启农药包装及称量配制时，操作人员应戴用必要的防护器具。四是配制农药人员必须经专业培训，掌握必要技术并熟悉所用的农药性能。五是孕妇、哺乳期妇女不能参与配药。六是配药器械一般要求专用，每次用后要洗净，不得在河流、小溪、井边冲洗。七是少数剩余和不要的农药应深埋入地下中。

4. 控制剧毒和高残留农药的使用

要根据农药毒性的大小和残效期来确定在作物上的使用范围，控制农药的使用量和次数；制订出最后一次施药离作物收获的安全间隔期;规定农药在作物和食品上的最大残留允许量等,这些都是安全用药的重要措施。例如,剧毒农药甲拌磷只限于用作防治棉花害虫,安全间隔期一般在 30 天以上;严禁用于防治蔬菜、果树、茶叶、卫生等害虫。对化学性质较稳定的农药也要重视,如多菌灵用于防治小麦病害,每 667 米^2 用 50% 可湿性粉剂为 75～100 克,最高 150 克;最多使用 2 次,安全间隔期在 20 天以上;原粮中残留极限暂定为 0.1 毫克/千克等。

5. 正确保管农药

(1)分散保管 分散保管应注意事项:①应根据需要,尽量减少保存量和保存时间,避免积压变质。②应贮放在儿童和动物接触不到的干燥、阴凉、通风专用柜中,并要关严上锁。③不要与食品、饲料靠近或混放。④贮存的农药包装上应有完整的标签。

(2)仓库保管 仓库保管是农药最主要的保管方式。应遵循以下几条:①保管人员必须经过专业培训,掌握农药基本知识。②农药须贮存在凉爽、干燥、通风、避光且坚固的仓库中。③食品、粮食、饲料、种子以及其他与农药无关的东西不应存放在贮存农药的仓库中。④不允许在贮存农药的仓库中吸烟、吃喝。⑤仓库中的农药按种类、形态、易燃、易爆和生产日期分开贮存。⑥贮存的农药包装上应有完整的标签。⑦仓库中的农药要远离火源,并备有灭火装置。

第六章　大豆农艺工岗位职责与素质要求

大豆农艺工是一个光荣而又重要的生产岗位。这份工作的职责是源源不断地为社会提供营养最丰富的大豆,为养殖业提供优质蛋白饲料,同时还有利于培肥土壤,促进农业、养殖业持续发展,增加生产者单位或家庭的经济收入。

第一节　大豆生产的重要意义

一、中国是大豆的起源地

栽培大豆是由野生大豆驯化而来的。大约在 5000 年前,我们的祖先发现野生大豆的叶和籽粒可以充饥,并有利于身体健康。但野生大豆的籽粒小,产量很低,于是经过一代又一代人的选择、驯化、栽培,把野生大豆培育成籽粒较大、产量较高的栽培大豆。据史书记载和考古文物发掘,大约在 4500 年前的五帝时代,我国便有了栽培大豆。经过夏、商、周几个朝代的发展,至春秋战国时期,大豆种植面积已占作物播种面积的 30％～40％,成为我国古代人民最重要的食粮,居五谷之首。可以说,大豆是我国先民赖以为生的重要作物。

二、大豆是东方饮食文化的精华

大豆不仅是我国古代先民的主要食粮,而且是历代人民强身健体的主要营养食物。据古书记载,我国春秋战国的农业生产以种菽(大豆)粟为主,人民生活以菽粟为生,菽粟丰收则民是乎食,菽粟不足则民有饥饿。由此可知,菽粟对先民生活的重要性。大豆除了作为重要的粮食,还被我们的先民加工成多种多样的大豆食品,如豆豉、豆酱、豆腐、豆腐乳、豆油等,还发现大豆可以作为医疗食品利用。

豆豉制作始创于 2000 多年前的战国时代,豆腐制作始于两汉,豆酱创作的时代略晚于豆豉、豆腐,应在东汉至魏晋时期。大豆制油工艺及大豆油的应用在宋代以前,距今也有 1000 多年了。

我们祖先培育的大豆及由大豆制作的各种大豆食品,是东方饮食文化的精华,是华夏文明的重要组成部分。大豆生产的发展及各种大豆食品的开发利用,为中华民族的繁衍和昌盛提供了最重要的基本条件。

三、栽培大豆的传播

栽培大豆起源于中国,并在我国黄河流域、长江流域及东北地区广为种植。世界各国的大豆品种和栽培技术都是直接或间接从中国传播去的。大约在战国至秦汉时代(2000 多年前),我国大豆生产首先传播到朝鲜,以后传到日本、东南亚及南亚;200 多年前,大豆生产传播到欧洲、北美洲,以后又传播到大洋洲、非洲和南美洲。现在,大豆生产已广泛分布在世界五大洲的各个国家。随着大豆生产的传播,中国的大豆食品和加工技术也传遍世界,大豆成为当今世界各国人民喜爱的重要营养保健食品。这种金色的豆子,将在人类社会发展的历史长河中永放璀璨的光辉。

四、大豆的营养价值

大豆籽粒的主要营养物质是蛋白质和脂肪,二者占干重的60%左右。此外还含有 5%左右的矿质养分以及少量的膳食纤维、大豆磷脂、大豆低聚糖、大豆皂苷和大豆异黄酮。这些都是人体健康所必需的营养物质。

1. 大豆脂肪

大豆脂肪是人类最主要的植物油源,据相关资料报道,2002 年全世界植物油消费量大豆油占 32.5%,居各种植物油之首。

大豆籽粒的脂肪含量为 16%~22%,呈南低北高之势,即北方大豆的脂肪含量高于南方大豆。

大豆的脂肪酸组成以不饱和脂肪酸居多,其中油酸占 20% ~ 24% ,亚油酸占 49% ~ 59% ,亚麻酸 8% 左右,即不饱和脂肪酸占 80% 以上,饱和脂肪酸占 15% 左右。由于大豆脂肪中的不饱和脂肪酸含量达 80% 以上,故大豆油是优质营养保健油,有利于减少胆固醇在血管壁内沉淀,降低心脑血管的发病率。

随着大豆生产的发展,中国及世界的大豆油消费增长很快。1999 年我国消费的大豆油为 287.1 万吨,占食用植物油总消费量(1 172.7 万吨)的 24.5% ,居第二位;2003 年大豆油消费量达到 717.4 万吨,占当年食用植物油总消费量(1 896.4 万吨)的 37.8% ,居第一位。1996 ~ 2002 年,全世界每年大豆油的消费量由 2 060 万吨增至 3 082 万吨。2002 年大豆油消费量占植物油总消费量的 32.5% ,居各种食用植物油之首。由此可见,大豆油已成为当今中国和世界最重要的食用植物油源。

2. 大豆蛋白质

大豆蛋白质是当代世界各国人民食物蛋白质最重要的来源,是维护人体健康最重要的营养物质。大豆籽粒的蛋白质含量因品种类型、气候土壤条件而有所变化,最高达 52% ,最低的只有 30% ,一般在 40% 左右。我国大豆蛋白质含量以长江流域为最高,黄淮流域又高于其他北方大豆产区。

大豆蛋白质中含有 18 种氨基酸,能满足人体对各种氨基酸的需求。人体不能合成或合成速度不能满足机体需要的氨基酸称为必需氨基酸。大豆含有苯丙氨酸、蛋氨酸、赖氨酸、色氨酸、苏氨酸、亮氨酸、缬氨酸、异亮氨酸和组氨酸等人体必需的氨基酸。且各种必需氨基酸的构成比例符合人体氨基酸模式,人体对大豆蛋白质利用程度高,所以说大豆蛋白质属完全蛋白质。

3. 生物活性物质与微量元素

大豆籽粒除了蛋白质和脂肪之外,还含有多种生理活性物质,如异黄酮、磷脂、低聚糖、大豆皂苷和维生素等。

大豆异黄酮是天然植物雌激素,有抗氧化作用,可以降低心脑血管发病率,对肿瘤和骨质疏松等有预防和减缓作用,还可以减轻妇女更年期障碍症状。大豆异黄酮在食品和医药中有广阔应用前景。大豆籽粒中含有 $0.1\% \sim 0.5\%$ 的异黄酮。

大豆磷脂与神经传递有关,有清除血管胆固醇的功能。大豆磷脂的水解产物胆碱能促进脂肪代谢,减少脂肪在肝脏中积存,有保护人体肝肌,防止或减少结石及老年骨质疏松的作用。大豆磷脂广泛应用于食品,医药及化妆品行业。大豆籽粒中含有 $0.3\% \sim 0.5\%$ 的大豆磷脂。

大豆皂苷可降低血液胆固醇和甘油三酯含量,能抑制肿瘤细胞生长,阻滞血小板凝聚,有增强人体免疫的功能。在天然食品、药品及化妆品行业中被广泛应用。

大豆含有 13 种维生素,以维生素 E、维生素 B_1、维生素 B_2、维生素 B_6、烟酸、泛酸及叶酸为较多。各种维生素在维系人体正常代谢和机体功能方面起重要作用。

大豆籽粒还含有钙、铁、锌、碘等为人体健康必需的矿质元素。大豆食品是多种矿质元素的重要来源。

五、大豆是养殖业的重要饲料源

全世界大豆产量的 80% 左右用于榨油。榨油后的大豆饼粕含 50% 左右的蛋白质和各种生理活性物质、维生素、矿质元素,是各种饲养动物的主要饲料来源。

用大豆作饲料始于我国春秋战国时期。至明清时期大豆、豆渣、豆饼已广泛用于饲养牛、马、猪及鸡、鸭等家畜、家禽。19 世纪美国为发展养殖业对豆粕的需求日增,加上对大豆油及大豆食品的需求急剧增加,从而促进了 20 世纪美国大豆生产的发展,出现了美国历史上的大豆奇迹。

一般饲料中有 $10\% \sim 20\%$ 的蛋白质。而以禾谷类为主的饲料,其蛋白质含量多在 8% 左右,需加入豆粕以平衡饲料蛋白,保持饲料的营养效价。如美国的鸡饲料要求加 $27.5\% \sim 35\%$ 的大豆粕,猪饲料中要求加 $15.75\% \sim 27.5\%$ 的大豆粕。

2002 年全世界养殖业消耗的植物饼粕 18 287 万吨,其中大豆粕为 13 305 万吨,占 72.7%;同年,中国养殖业消耗的植物饼粕 3 323 万吨,其中大豆粕占 58.65%。可见,大豆饼粕是当今养殖业最主要的饲料蛋白源。

大豆粕不仅蛋白质含量高,生物效价高,而且脱脂大豆粕的粗蛋白、粗纤维的消化率高,代谢也高。故大豆粕是优质饲料蛋白。

另外,大豆秸秆和荚壳含有 3.4% 左右的蛋白质和各种矿质元素,也可以作饲料利用。大豆的绿色秸秆作青贮饲料,其营养价值与青贮苜蓿相当。

六、大豆生产促进农业持续发展

农业生产的持续发展,有赖于土壤的不断培肥和农业生态环境的不断优化。大豆生长对土壤环境的适应性较强,能在各种各样的土壤条件下生长,是土壤利用培肥的先锋作物,同时由于大豆的共生固氮作用,大豆根系生长及落叶残茬的遗存,有利于培肥土壤。

早在秦汉以前,我们的祖先便对大豆的养地作用有了感性认识,此后的 2 000 多年来,更积累了大豆及大豆饼、大豆秸秆肥田的丰富经验,各地形成了以大豆为中心作物的多种作物轮作换茬种植制度。现有的研究表明,种 667 米^2 大豆,可固定 5～10 千克氮,其中约有 50% 进入大豆籽粒,其余部分通过根系、根瘤腐解及落叶残茬等回归土壤。故种大豆有利于培肥土壤,改善土壤的理化性状及生物性状,为后茬作物创造良好的土壤环境,促进农业可持续发展。所以说,大豆是用地与养地相结合的作物,大豆是各种作物的良好前茬。

第二节　大豆生产发展的历史与现状

一、世界大豆生产的发展

20 世纪以前,大豆的主要产地是中国及亚洲的一部分国家。那时,中国的大豆产量占世界总产量的 80% 以上。

19 世纪以来,中国的大豆品种,大豆种植技术及产品加工技术在全世界广泛传播,从而推进了大豆生产在全球的发展。进入20世纪,随着全球人口增加和经济发展,对高蛋白、高油分的大豆产品的需求量不断增加,进而推动了大豆生产的快速发展。

1936年全世界大豆面积1 120万公顷,总产量1 239万吨。1949年全世界的大豆面积1 278.8万公顷,总产量1 400.6万吨。至1999年,全球大豆面积达到7 205.2万公顷,总产量已达到了15 774.4万吨。1949~1999年的50年间,大豆面积增长5.6倍,总产量增长11.3倍。所以20世纪是大豆生产快速发展的世纪。21世纪前5年,全世界大豆生产保持强劲增长势头,2004年的大豆面积已达到9 259万公顷,比5年前增长28.5%,总产达到21 632万吨,比5年前增长33.1%。

据联合国粮农组织(FAO)统计资料显示,2005年全世界的大豆面积9 138万公顷,总产20 953万吨,单产2 292.8千克/公顷。种植大豆的国家93个(有统计资料的)。产量超过50万吨的国家有11个,美国的大豆面积、总产均居世界首位,巴西第二,阿根廷第三,中国第四,印度第五(表6-1)。20世纪大豆面积和总产量增加最多的国家为美国、巴西、阿根廷、印度。

表6-1 2005年世界主要大豆生产国的面积与产量

国家	大豆面积(公顷)	大豆产量(千克/公顷)	大豆总产(吨)
美国	28 842 260	2 871.5	82 820 048
巴西	22 859 300	2 192.4	50 195 000
阿根廷	14 037 000	2 728.5	38 300 000
中国	9 500 135	1 779.0	16 900 300
印度	2 000 000	1 857.1	6 000 000
巴拉圭	1 935 300	1 814.8	3 515 000
加拿大	1 158 300	2 589.0	2 998 800
玻利维亚	890 000	1 876.4	1 670 000
印度尼西亚	611 059	1 304.5	797 135
俄罗斯	690 000	1 072.5	740 000
意大利	148 115	3 969.1	587 876
全世界	91 386 621	2 292.8	209 531 558

二、中国大豆生产的发展

大豆的栽培利用始于 5000 年前的农耕文化初期,成为传说中的黄帝后稷时期五谷之一。至春秋战国时期,在黄河流域大豆成为最重要的食物,居五谷之首。大豆种植面积达到当时作物播种总面积的 25%～40%。另据考古发掘和古文献分析,大约 3 000 年前,西周至春秋时代,我国东北地区便有大豆生产,长江流域也有大豆种植,战国时期的《楚辞》已有关于用大豆制作豆豉的记述。此后大豆生产不断在全国各地发展。明代的史料记载,大豆处处有之,且品种类型很多。在南方,稻田种大豆很普遍,一年四季均有播种与收获,大豆种类之多与稻粟相当。

20 世纪初期,我国大豆种植面积已达到 1 000 多万公顷,产量达到 1 000 万吨以上,中国大豆总产量占世界总产量的 90% 以上。

此后由于连年战争,特别是日军侵华战争的破坏,我国大豆的播种面积与总产量均大幅度减少。1949 年的大豆面积仅 833 万公顷,总产量仅 510 万吨。

新中国成立后,大豆生产得到迅速恢复和发展,1956 年的面积超过 1 000 万公顷,总产量超过 1 000 万吨。1960 年后,我国大豆生产一度进入滑坡和徘徊期,1980 年以后进入新的发展期。至 2004 年,全国大豆总产量达到 1 740 万吨,面积恢复到 960 万公顷,尽管面积尚未恢复到 1 000 万公顷以上,但单产已达到 1 815 千克/公顷,与 1950 年相比较,面积减少 300 多万公顷,但单产已增加 1 095 千克/公顷,增长 1.5 倍。总产量的增加主要是由于单产的提高。

近百年来我国大豆的生产发展情况见表 6—2。

表 6—2　近百年来中国大豆生产的发展

年份	种植面积		单产		总产量	
	万公顷	(%)	千克/公顷	(%)	万吨	(%)
1931	1 470	130.2	—	—	—	—
1936	—	—	—	—	1 130	117.8

年份	种植面积		单产		总产量	
	万公顷	（%）	千克/公顷	（%）	万吨	（%）
1938～1940	880.0	78.0	—	—	—	—
1949	833.0	73.0	610	64.6	510	53.2
1949～1950	852.0	75.4	715.0	84.7	610.7	63.7
1951～1960	1 128.7	100	843.9	100	959.4	100
1961～1970	897.8	75.5	847.8	100.5	751.8	78.4
1971～1980	724.5	64.2	1 042.4	123.5	765.2	78.7
1981～1990	795.4	70.5	1 318.4	156.2	1 049.7	109.4
1991～2000	873.5	77.7	1 592.6	188.7	1 376.4	143.5
2001～2005	933.9	82.7	1 738.2	205.9	1 621.2	169.0

第三节　大豆生产发展的紧迫性与大豆农艺工的职责

一、我国大豆生产发展相对滞后

新中国成立以来，我国大豆生产虽有较大发展，但与世界大豆生产发展相比，与我国其他几种主要作物相比，与社会消费增长相比，大豆生产发展相对滞后。

1. 滞后于其他主产国家的大豆生产发展

20 世纪初期，我国大豆产量达到 1 000 万吨以上，独享世界大豆市场。1951～1955 年的大豆年均产量，中国 928 万吨，占世界总产(1936 万吨)的 48%，仍居首位，此后我国大豆生产进入徘徊期，而世界大豆生产进入发展快车道。2004 年同 1949 年相比较，世界大豆播种面积和总产量分别增长 6.2 倍和 14.3 倍，而中国的大豆播种面积在减少，总产只增长 2.4 倍(由于单产提高的结果)。进入 1990～2004 年，世界大豆面积、总产量分别增长 28.5% 和 33.1%，中国只增长 3.1% 和 12.7%。2004 年，中国大豆产量 1 740 万吨，仅为世界总产量的 8.1%，为世界第四位。

分析表明,20 世纪 50 年代以来,世界大豆的生产发展迅猛,而中国发展较慢。

2. 滞后于国内大豆产品消费增长

统计数据表明,自 1980 年以来,我国大豆生产虽然有所增长,但远不如消费增长快。1980～2000 年,我国大豆产量由 933 万吨增到 1 546 万吨,同期内的大豆消费量由 830 万吨增长至 2 354 万吨,增长 1.6 倍。最近 5 年(1999～2004),大豆产量由 1 429 万吨增至 1 740 万吨,增长 2.1%,而大豆消费由 2 339 万吨增至 3 600 万吨,增长 53.9%。由于国产大豆不能满足消费需求导致大豆产品进口不断增加。1996 年我国大豆产品首次进口大于出口(进口 111.4 万吨,出口 19.3 万吨),2003 年进口 2 074 万吨,出口 29.5 万吨。2003～2004 年度,世界大豆出口总量 5 585.9 万吨,我国进口 2 074 万吨,成为进口大豆最多的国家(表 6—3)。

表 6—3　1999～2004 年中国大豆生产量、消费量与进口量

年份	大豆产量		大豆粕消费量		大豆油消费量		进口大豆		进口大豆油	
	万吨	所占比例(%)	万吨	所占比例(%)	万吨	所占比例(%)	万吨	所占比例(%)	万吨	所占比例(%)
1999	1 429	100	1 258	100	287	100	431.9	100	80.4	100
2000	1 541	107.8	1 504	119.6	354	123.9	1 041.9	241.2	30.8	38.3
2001	1 541	107.8	1 527	121.4	414	144.1	1 393.7	322.7	7.0	8.7
2002	1 651	115.5	1 949	154.9	639	222.5	1 131.5	262.0	87.0	100.2
2003	1 539	107.8	1 956	155.5	717	249.1	2 074.0	480.2	188.4	234.3
2004	1 740	121.8	2 218	176.3	752	261.8	2 023.0	468.4	252.0	313.4

尽管我国大豆进口量已经很大,进口大豆量已超过我国自产大豆量,但我国人均消费大豆数量仍然较低。如 2002 年,全世界人均大豆消费已达到 30.8 千克/年,而我国还只有 20.8 千克/年,其中大部分是进口大豆。故我国大豆生产必须有大的发展,以满足不断增长的消费需求。

由于我国主要农产品的人均产量已达到或超过世界平均数,因而我国农产品进出口贸易年度总值基本平衡且有一定顺差。而大豆进出口贸易年度总值为负值,而且近几年的负值越来越大,2004年达到68.27亿美元,2005年达到76.01亿美元,约合608亿元人民币。大豆出口只占我国农产品出口总值的0.64%,而大豆进口占农产品进口总值的27.1%。即我国每年要花去70多亿美元用于进口大豆产品。这种情况也足以表明,我国大豆生产应当有大的发展。

3. 滞后于其他主要作物的发展

1949～1999年的50年间,我国主要农作物的产量增长幅度很大,稻谷、玉米、小麦、棉花、花生、油菜分别增长3.6、6.6、9、7.6、9和12.8倍。而同时期大豆产量只增长1.8倍;50年间,稻谷、玉米、小麦、棉花和油菜的单产分别提高3.35倍、4.14倍、5.15倍、6.23倍和2.04倍,而大豆只提高了1.77倍;1949～1999年几种主要农作物的播种面积均有不同程度增加,而大豆面积是减少的,与最高时相比约减少一半。由上述几种主要农作物的总产、单产及面积的变化,可以看出大豆生产发展大大滞后于其他农作物,尤其是面积的变化,其他主要农作物均有所增加,唯有大豆减少。

二、我国大豆生产发展潜力

大豆生产发展,一是增加种植面积,二是要提高单位面积产量。我国大豆提高单产,扩大种植面积的潜力都很大。

1. 扩大面积的潜力

20世纪世界大豆生产发展,主要是由于面积的扩大,其次为单产的提高。1949～1999年的50年间,世界大豆面积增长5.6倍。我国大豆面积在20世纪30年代曾达到1 400万公顷,此后较长时间徘徊在700万～800万公顷,直到21世纪才越过900万公顷。我国农业生产的历史经验表明,适当扩大种植大豆的面积,增加大豆总产量能促进粮食作物总产量稳定增加和农村经济的发展。

由于大豆具有广泛的适应性,我国从热带到亚热带,再到温带的广大农业区都适宜种植大豆。潜力最大的是亚热带、热带的长江流域及其以南的华南、西南多熟制农作区。这是我国最重要的农业区和经济带,耕地占全国的38%,人口占全国的50%,也是我国大豆消费量最多的地区。长江流域及其以南的广大地区,自然条件优越,历史上就是我国重要的大豆产区之一,特别是宋代以来,水田地区推行稻豆轮作复种,大豆的播种收获四季相承,呈现处处种植大豆之大观。毛泽东的诗句"喜看稻菽千重浪"便是近代江南农村的真实写照。20 世纪 50 年代以后,由于大力推广双季稻,我国热带、亚热带地区水田种豆面积日渐减少。但几乎是与此同时期内,巴西、印度在热带、亚热带地区发展大豆生产取得很大突破,不仅面积扩展很快,而且获得高产,我们应当总结历史经验,借鉴巴西和印度的成功经验,以加快我国长江流域及其以南地区的大豆生产发展。因地制宜扩种春播、夏播、秋播大豆及冬播大豆,推行稻豆复种,推行大豆与多种农作物的间作套种,发展田埂种大豆。可使本区的大豆种植面积扩大 1 倍多。

黄淮海地区是我国夏大豆主要产区,同时有一部分春播大豆,20 世纪 50 年代的大豆面积和总产均占全国的 50% 以上,是那个时期我国大豆的第一大产区。1954 年的大豆面积达到 755 万公顷,此后的大豆面积缩减,长期徘徊在 400 万公顷以下。这个产区的大豆面积应当恢复到 700 万公顷以上,以满足本地区不断增长的大豆消费需求,并促进农业生产持续稳定的发展。

新疆维吾尔自治区,一是具备发展大豆生产的良好条件,丰富的光热资源、土地资源和灌溉水资源,有利于大豆高产。二是新疆维吾尔自治区的食用和饲用大豆需求量大,每年需 70 万吨以上,且周边省(自治区)的大豆产量少,与之接壤的中亚国家对大豆的需求也较多;三是已有一批高产的典型经验。新疆维吾尔自治区目前有耕地 340 多万公顷,还有 490 多万公顷的宜农荒地,扩大大豆种植总面积的潜力很大。

东北地区是我国目前大豆面积最大的产区,也是产大豆最多的产区。黑龙江省的大豆面积已达到 300 多万公顷,不少地区出现重茬、迎茬,影响了大豆的产量,降低了种植大豆的效益,宜适当调整作物结构,减少重、迎茬种植,致力于进一步提高单产。吉林、辽宁两省的大豆面积还有恢复发展的余地,可在目前基础上再适当扩大种豆面积。

2. 提高单产的潜力

我国大豆单产水平总的来看还比较低,而已经出现的高产省(区)、大面积丰产以及小面积高产典型经验均表明,我国大豆单产有很大增产潜力。

尽管近几年来全国大豆平均单产只有 1 700 千克/公顷左右,只有世界大豆平均单产 2 300 千克/公顷的 74%,但在年产量 20 万吨以上的大豆主产省中,有 7 个省超过 2 000 千克/公顷,其中新疆维吾尔自治区、江苏省、吉林省已达到 2 700 千克/公顷以上,超过同时期世界大豆主产国美国、巴西、阿根廷的单产。一批高产省(区)的出现显示我国大豆单产提高的巨大潜力。如果全国大豆生产达到高产省(区)的产量水平,将同其他主要农作物那样,超过世界平均单产(表 6—4)。

表 6—4　2000～2003 年我国大豆主产省(区)的面积和产量

年份 区域	种植面积(万公顷)					总产量(万吨)				
	2000	2001	2002	2003	平均值	2000	2001	2002	2003	平均值
黑龙江	286.8	332.6	293.0	338.9	312.8	450.1	496.2	556.3	560.8	515.9
吉林	53.9	43.3	41.5	42.0	45.4	120.3	110.5	127.5	150.3	127.2
辽宁	30.2	33.3	28.5	30.5	30.7	48.1	54.2	53.2	64.6	55.0
内蒙古	79.4	75.5	59.6	69.7	71.1	85.8	83.4	96.4	53.6	79.8
山东	45.8	39.5	32.2	28.6	36.5	104.6	91.0	73.8	69.2	84.7
安徽	68.2	67.9	74.7	85.5	74.1	68.2	89.4	139.4	99.9	99.2
河南	56.5	56.4	52.8	50.3	54.0	115.8	107.6	97.8	56.7	94.5
河北	42.4	37.9	33.1	28.1	35.4	62.9	56.3	49.4	46.4	53.8
江苏	24.9	24.4	24.3	24.2	24.5	67.0	67.1	70.3	56.8	65.3
陕西	24.7	22.9	22.4	30.7	25.2	22.2	19.6	21.2	15.9	19.7
湖北	22.5	21.8	21.5	19.5	21.3	45.8	42.8	42.2	44.7	43.9
湖南	20.6	20.4	19.8	19.8	20.2	45.2	44.9	44.9	39.7	43.2
四川	—	18.7	19.4	20.2	19.4	—	36.6	42.5	46.0	41.7
广西	28.1	25.0	22.8	25.8	24.7	36.4	34.4	32.3	36.0	34.8
山西	27.3	21.7	24.6	20.7	23.4	36.0	22.1	29.7	29.8	29.4
新疆	—	7.9	6.8	6.9	7.2	—	21.9	18.6	19.8	20.1
全国	930.7	948.2	872.0	931.3	920.6	1 541	1 541	1 651	1 539	1 568

年份 区域	单产(千克/公顷)				
	2000	2001	2002	2003	平均值
黑龙江	1 569	1 492	1 899	1 655	1 654
吉林	223.2	2 554	3 072	3 495	2 838
辽宁	1 593	1 627	1 864	2 117	1 800
内蒙古	1 081	1 175	1 617	769	1 143
山东	2 283	2 301	2 292	2 422	2 325
安徽	1 341	1 315	1 865	1 168	1 422
河南	2 051	1 909	1 852	1 126	1 735
河北	1 485	1 485	1 491	1 654	1 529
江苏	2 689	2 745	2 888	2 350	2 668
陕西	899	856	945	519	745
湖北	2 037	1 962	1 960	2 292	2 063
湖南	2 080	2 220	2 265	2 003	2 142
四川	—	2 060	2 194	2 283	2 167
广西	1 244	1 376	1 360	1 395	1 357
山西	1 321	1 021	1 209	1 438	1 247
新疆	—	2 709	2 727	2 874	2 790
全国	1 656	1 625	1 893	1 653	1 707

　　近几年来一批大面积丰产和小面积高产典型的出现表明,我国大豆单产提高的潜力巨大。如黑龙江省农垦总局的三分局,1996 年7.3 万公顷大豆,平均单产已达到 2 805 千克/公顷;辽宁省抚顺市景光乡邱家村 72 公顷春大豆平均单产 3 750 千克/公顷,其中的 7.7 公顷单产达 4 050 千克/公顷;国家"九五"攻关《大豆大面积高产综合配套技术研究开发与示范》课题,1996～1999 年实现 66 667 公顷(百万亩)示范 2 950.5 千克/公顷;位于新疆维吾尔自治区伊犁新源县境内的农四师 71 团 4 333 公顷大豆,2003 年、2004 年和 2005 年的平均单产分别为 3 450 千克/公顷、3 540 千克/公顷和 3 925 千克/公顷,连续 3 年创造了全国大面积高产纪录。近十多年来东北、西北春大豆,黄淮海夏大豆出现多年多处小面积(667 米^2 以上)高产,单产达到 4

500 千克/公顷(300 千克/667 米²)。最高纪录达到 5 956.2 千克/公顷(397 千克/667 米²)。

南方多熟制栽培区,也出现多处 3 700 千克/公顷以上的高产纪录。

大面积丰产和小面积高产纪录的出现,充分表明我国大豆增产潜力还很大。对一大批高产典型经验的科学总结,将促进我国大豆单产水平的大幅度提升,表明全国大豆单产达到 2 500～3 000 千克/公顷是完全可能的。

三、大豆农艺工的职责

作为大豆农艺工应当具有的素质和品格如下。

1. 了解全局,关注人民的生活

要充分认识从事大豆生产的光荣使命和神圣职责。要经常想到加快我国大豆生产发展的紧迫性,要把自己从事的事业与弘扬华夏文明、缓解国内大豆供需矛盾、减少大豆进口量、提高全国人民的体质联系起来,时时鼓励自己钻研大豆生产技术。

2. 了解大豆品种的特性

包括生长发育特性,需水需肥特性,分枝及株型特性,感染病虫及抗病、抗虫特性。依大豆品种特性和生态环境制定相适宜的栽培、管理技术措施。

3. 了解大豆的生育过程和生态条件

了解大豆种子萌发、幼苗期、分枝期、开花期、结荚期、鼓粒期、成熟期的生长发育过程,各生育阶段对环境条件——水分、土壤、养分、温度和光照的要求。

4. 勤观察,早行动

及时观察并记载田间大豆生长情况,根据田间大豆长势或出现的新情况,采取阶段性的田间管理措施。

5. 学习别人经验

注意学习同类型区内别人种植大豆的经验,特别是高产农产、高产田块的经验。

6. 善于总结经验

观察大豆田间生长情况,记载各项技术措施,总结每季大豆的丰产经验及存在的问题,作为下季调整种植技术措施的依据。遇到不清楚的问题,向当地的技术人员请教。

第七章 大豆农艺工应具备的基础知识

第一节 大豆各生长发育阶段需要的环境条件

要获得大豆高产,必须了解大豆的生长发育过程,各个生长阶段对环境条件的需求。

大豆的生长发育全过程可以分为 6 个阶段。即萌发期、幼苗期、花芽分化期、开花期、结荚鼓粒期与黄熟期。各生育阶段要求一定的环境条件。

一、萌发期

具有生命力的大豆种子,在一定的温度、水分和空气条件下,吸收足够水分后胚根首先伸长,穿过珠孔成为初生根,胚芽随着长出,这就是大豆种子萌发期。大豆种子萌发过程,是大豆种子在适宜温度、水分、空气条件下贮藏在子叶的营养物质,在酶的作用下发生复杂的生物化学变化,蛋白质水解成氨基酸,磷脂及各种碳水化合物还原成各种单糖、还原糖,各种金属元素参与到酶的活动过程。子叶中的蛋白质、脂肪和淀粉的水解产物和各种生化过程,为胚的萌发、伸长提供各种养分、生理活性物质和能量。大豆种子萌发的温度条件是 6℃ 以上,15～25℃ 可正常萌发,萌发的速度随着温度的升高而加快,但当温度高于 35℃ 时,会造成苗弱。种子萌动的最低温度与品种原产地及品种类型相关。原产于高海拔、高纬度的高寒地区的品种,萌发所需要的最低温度低一些,春播大豆比夏播大豆低一些。

　　水分是大豆种子萌发必须的条件,大豆种子只有在吸收自重1.2～1.5倍水分后才能萌发。水分少了不能萌发。吸水过快(在较高温度条件下)又可能导致大豆种子快速吸水膨胀而断裂,不利于出壮芽,甚至导致胚芽坏死。黄淮地区夏播大豆常因土壤含水量低而影响正常萌动,有时又因大豆播种遇连阴雨,加上温度高会造成烂种。南方春大豆播种期土壤温度较低,萌芽较慢,若在播种后遇连阴雨,则会因水分过多而降低土温,造成萌芽期延长,甚至造成已萌动的种子因为土壤水分过多、温度过低而烂种、烂芽。

　　空气是影响大豆种子正常萌芽的第三个影响因子。大豆种子得到一定温度和水分后,各种酶的活动日渐加强,而各种酶促活动都要在空气供给充足的条件下才能进行。大豆播种后若遇连阴雨,造成土壤水分过多而空气缺乏,则会导致已萌动的种子不能正常成苗。黄淮地区夏播大豆常在播种后遇到大雨,地表径流会使土壤在天晴后板结,从而造成已萌动或未萌动的大豆种子因缺氧而烂种。南方水稻地区谷林套播的秋大豆,若不在播种数小时后排干田面积水,也会使浸在水中的大豆种子因得不到充足的空气而烂种。因而掌握播种时的土壤温度,控制土壤水分并保持良好的通气状况,是确保大豆萌动并取得全苗壮苗的关键。

二、幼苗期

　　大豆子叶出生到花芽分化的这段时间称为幼苗期。幼苗先是子叶长出地面而后展开,随之单叶生长并展开,这时称为单叶期。随后幼苗伸长,长出第一片复叶,这时称为三叶期。三叶期前的大豆幼苗生长缓慢,株高在5～10厘米。三叶期后幼苗生长加快。东北地区的春大豆三叶期后,大豆苗每天生长0.5厘米左右,黄淮夏大豆及南方春大豆、秋大豆三叶期后的生长速度更快些。

　　大豆出苗后在地上部生长的同时,地下根系生长相对更快些。黄淮地区夏大豆地上部苗高6～7厘米时,根长已达到20厘米以上,东北地区的春大豆,地上部达到6～7厘米时,地下根系已达到40厘米以上。

　　幼苗期最适宜于大豆生长的温度是20℃左右,最适宜的土壤水分为 18％～22％。大豆幼苗期较耐低温,只是在较长时间处于0.5～5℃的温度下才会遭受严重冻害,低于 10℃生长慢,高于 20℃生长加快。幼苗期若土壤水分过少,会影响植株正常的生化过程和生长过程。土壤水分严重缺乏则可能造成生长缓慢以致死苗。幼苗期大豆的养分主要来自于子叶贮藏的营养,子叶展开以后逐渐从土壤环境中摄取少量养分。幼苗生长后期从土壤中获取一定量的养分对于壮苗是十分必要的。

三、花芽分化期

大豆出苗 20～30 天便开始花芽分化,由于大豆的品种特性及土壤、气候等因子的不同,由出苗进入花芽分化的时间长短是不同的,花芽分化期长短也各不相同。由最初出现球状突起至花萼、雄蕊、雌蕊分化成形,一般需 25～30 天。花芽分化与分枝同时生长,因此,花芽分化期又称为分枝期。

花芽分化期(分枝期)是决定整个生育期植株强壮与否的重要时期,是决定开花数与分枝数的关键时期,与产量高低关系密切。花芽分化期生长繁茂的植株可以积累较多的有机养分,供花芽分化及后期生长的需要;反之,生长量不足,积累的有机物少,会影响花芽分化和后期生长,从而降低产量。但若花芽分化期生长过旺,又会导致后期徒长倒伏而减产。因此,生产上要特别注意花芽分化期的田间管理和调控,使之达到健壮生长,花芽多,分枝多而又不徒长。

花芽分化期除了充足适宜的土壤养分、水分供应外,光照条件也极为重要。大豆属短日照植物,花芽分化要求一定的连续不断的黑暗条件,当每天黑暗条件少于一定时数,大豆短日照遗传特性得不到满足时,花芽分化会中止,不开花只长枝叶;反之,每天日照时数减少,黑暗时数增加,会加速花芽分化,提早开花,营养生长受抑制。大豆的这种短日照特性是在一定的生态条件下,长期定向选择的结果。同一品种在同一纬度同一地区,人工条件延长每日光照时数会推迟开花,相反,缩短每日光照时数,会提早开花结实。北方大豆品种引种到南方产区,会因每天日照时数减少而使开花期提前,生育期缩短;而南方大豆品种引种到北方,则会因日照时数增加而推迟开花,生育期延长。这是在引种大豆品种时应当掌握的基本规则。花芽分化期由于根系、叶片及茎秆的生长加快,植株生长量大,同时进行花芽分化,不断形成新的器官,因此这个时期要求有较充分的水分、养分供给。适合于大豆花芽分化的日平均温度范围为 20～30℃,高于此范围会使花芽分化加快,低于此值则分化进程减慢。

四、开花期

始花至终花为大豆开花期。记载大豆开花期的标准是 50％的大豆植株见花。大豆雄蕊和雌蕊的性细胞分裂完成后,花瓣延长高出花萼,雄蕊与雌蕊的高度相同,花粉囊裂开,花粉粒落到柱头上,开始受精过程,随后花瓣由半展开到全开放,这时称为开花。大豆从出苗到开花的生长日数一般为 30～50 天。一朵花从花蕾膨大、花萼形成到花瓣开放一般为 3～4 天,大豆从始花到终花的时间因品种、气候条件而异,一般为 18～40 天,无限结荚习性的品种开花期较长,有限开花结荚习性的品种开花期较短,开花较集中。

大豆开花最适宜的温度为白天 22～29℃,夜晚 18～24℃,适宜的空气相对湿度为 74％～80％。高温干旱或低温高湿都会影响开花进程,开花期若遇 7～8℃低温或多雨低温寡照的天气,易造成花蕾大量脱落。开花期是营养生长与生殖生长最旺盛的时期,是干物质形成、积累最多的时期,要求充足的光照,充足的水分、养分供应。生产上特别要注意加强这个时期的田间管理与水肥的调节。

五、结荚鼓粒期

终花到黄叶这段时间称为结荚鼓粒期。开花受精的子房随之膨大,接着形成小小的青豆荚。小豆荚逐渐长大至豆荚的宽度达到最大值,豆荚内的种子迅速膨大增重的时期称之为鼓粒期。随着种子生长,输入的淀粉、还原糖逐渐减少,脂肪、蛋白质的积累增加。磷、钾、铁等矿质元素日渐在种子内积累。植株积累的营养物质,包括光合作用产物及由根系、叶片吸收的矿质养分,向豆荚和籽粒运输,以满足种子成长的需要,而叶片、茎秆及根部的营养物质含量则逐渐降低。

这一时期的外界条件会影响到大豆的结实率、每荚粒数和籽粒大小。这时期的技术措施既要促进养分吸收、积累，还要促进营养物质向籽粒运输，以利保荚增粒重。

六、黄熟期

植株叶片开始变黄至脱落称为黄熟期。表现为豆粒充实至最大，大豆植株生育活动由缓慢至完全停止，种子含水量降低、变硬，呈现品种固有的遗传性状，如粒形、粒色、脐色、光泽、籽粒大小及荚壳颜色等，叶片黄落。确定大豆成熟与收获时间的重要标志是种子的成熟度与种子含水量。适时收获的、成熟完好的种子发芽势最强，过早收获或已成熟的种子而未及时收获都会降低发芽势，影响产量和质量。成熟完好种子的百粒重、种子蛋白质含量及产量均高，种子品质好。

第二节　大豆耕作制度

一、我国大豆栽培区

起源于我国的大豆，历经数千年的栽培传播，其分布范围遍及全国。东自我国台湾，西至新疆维吾尔自治区的伊犁与阿勒泰地区，北抵黑龙江的黑河、呼玛，南达海南岛，在海拔 2 500 米以下的广大平原、丘陵和山区，均有大豆栽培。

1. 大豆栽培区的划分

对在我国辽阔国土上广为分布的栽培大豆如何划分栽培区，自 20 世纪 40 年代便开始研讨，70 年代至 80 年代更有广泛的讨论，直至近年都有人提出各种划区看法。1987 年正式出版的《中国大豆育种与栽培》及 2007 年出版的《现代中国大豆》两书，均采用了将全国大豆主要栽培区划分为五个大区七个亚区的方案。具体分区为以下几个栽培区。

(1)北方春大豆区，包括东北春大豆亚区(黑龙江、吉林、辽宁三省及内蒙古自治区东四盟),黄土高原春大豆亚区(河北省长城以北,晋陕北部、宁夏回族自治区和内蒙古高原)和西北春大豆亚区(新疆维吾尔自治区与甘肃省河西走廊)。

(2)长江流域春夏大豆区,包括长江流域春夏大豆亚区(包括江苏、安徽两省沿江及江南区,湖北全省,河南、陕西两省南部,浙江、江西、湖南三省北部,四川省中东部),云贵高原春夏大豆亚区(云南、贵州两省大部,湖南、广西两省西部,四川省西南部)。

(3)黄淮海流域夏大豆区,包括冀、晋中部春夏大豆亚区(河北省长城以南,石家庄、天津线以北,晋中及晋东南),黄淮海流域夏大豆亚区(河北省石家庄、天津线以南,山东全省,河南省大部,苏北、皖北以及晋西南,陕西关中和甘肃天水地区)。

(4)华南四季大豆区(广东省、广西壮族自治区、云南省、福建等省的南部地区)。

(5)东南春夏秋大豆区(浙江省南部,福建、江西两省大部分,台湾、湖南、广东、广西等省、自治区的大部分)。

2. 影响我国大豆分布与栽培区划分的因素

影响我国大豆分布及栽培区划分的自然因素主要是热量、降水量与光照。

热量是影响分布和熟制的重要因素。一般认为栽培大豆要求≥10℃的年活动积温不少于1 900℃,全年连续无霜期不能少于100天。同一纬度区因海拔高度变化造成大豆生育期温度不同,高海拔地区的温度降低,生育期延长。我国热带、亚热带和温带均可发展大豆生产,只是要选用相适宜的大豆品种,调整种大豆季节。降水量是又一重要因素。据黑龙江省三江平原的试验资料,大豆全生育期的总耗水量为417毫米。据吉林产区的研究资料,大豆全生育期的总耗水量为450～550毫米。由于各地的年总降水量差异大,大豆生育季节的变数大,这都对大豆的生育期类型、播期类型以及大豆产量产生深刻影响。大豆是对光照极敏感的短日照作物,相关试验结果表明,纬度越高,大豆品种自播种至开花的天数越少,反之越多;同一产区同一品种,播期越晚,播种至开花的天数越短。

二、大豆栽培区的耕作制度

北方春大豆主要是一年一熟栽培,其耕作方式有两种,在黑龙江省北部和东部栽培作物以小麦、大豆为主,耕作方式为春小麦→春大豆→马铃薯,或春小麦→春小麦→春大豆;黑龙江省中南部为大豆→春小麦→春玉米;吉林省以玉米→玉米→大豆为多,还有大豆→玉米→春小麦→谷子等轮作方式。总之,东北春大豆区的轮作方式,北部以大豆、小麦轮作为主,本区中南部以大豆、旱粮轮作为主。西北春大豆区则有大豆与多种旱作物(小麦、玉米、向日葵、甜菜等)的轮作。

长江流域及其以南的广大地区水、热、光资源丰富,土壤类型复杂,作物多种多样,大豆与水稻、油菜、大麦、小麦、玉米、棉花、红薯、蚕豌豆、马铃薯、甘蔗、蔬菜等作物轮作复种,间作套种,有一年两熟、一年三熟等多熟制栽培,大豆有春播、夏播、秋播、冬播。春、夏大豆分布最为广泛,秋大豆主要在亚热带的旱地、水田种植,冬大豆分布于广东、广西、云南、福建四省、自治区的南端及海南岛。

黄淮海地区为一年两熟,两年三熟及一年一熟的混合农作区,主要作物有小麦、玉米、大豆、棉花、花生等。大豆有夏播大豆和春播大豆,以夏大豆为主。主要轮作方式有冬小麦→夏大豆→冬小麦→夏玉米(或谷子、高粱、甘薯等),冬小麦→夏大豆→冬小麦→夏花生(芝麻),冬小麦→夏大豆→冬闲(或蔬菜)→春棉花。黄淮春大豆栽培则多为春玉米→春大豆→马铃薯(或小麦、甘薯、谷子、高粱)或春玉米→春大豆→春玉米,春玉米→春大豆→向日葵(或亚麻、芝麻)。

三、轮作制度与大豆栽培

大豆各栽培区的耕作制度是在一定的气候、土壤和生产条件下,适应各种作物的生长习性,在长期农作实践中形成的。而大豆栽培须按照当地的土壤气候条件、生产水平、大豆在耕作制度中的地位和茬口,安排相宜的大豆品种、播种期、前茬作物品种及其前茬作物的施肥等。

1. 按照耕作制度的要求安排

如,东北的一年一熟制春大豆,因为是一年一作,大豆前茬作物可以是小麦、玉米、谷子、高粱或马铃薯等作物,但大豆不宜重茬、迎茬种植。华北平原的两熟制夏大豆,其前作主要是小麦、油菜,因为该地区的温度条件所限,小麦、大豆都不宜选用生育期过长的品种,以免因前季作物的成熟过晚而影响后茬作物的适时播种。南方春秋大豆多为一年三熟,若为稻田春大豆、水稻、油菜三熟制,则春大豆、水稻都不可选用生育期过长的品种,若春大豆生育期过长,则会影响下茬水稻的适时栽培,影响水稻后作油菜的适时播种。早稻、秋大豆、冬作一年三熟制栽培的早稻要选用中早熟品种,以利于秋大豆在 7 月下旬至 8 月上旬播种,而稻田秋大豆则最好是选用对短光照较为迟钝的晚熟型春大豆或中晚熟型的夏大豆品种。

大豆与其他作物间作套种地区,大豆与间作或套种的作物有较长时间的共生期,大豆要选择耐荫蔽、秆强抗倒的品种。

2. 合理制定大豆病虫害防治方案

大豆耕作栽培制度中的前茬作物不同,熟制不同(一年一熟、两熟、三熟),使大豆病虫害危害程度不尽一致。要根据大豆前作及熟制,预测大豆生长期内可能发生的病虫害种类,制定防治预案。

3. 合理制定施肥方案

大豆因共生固氮作用及残根落叶,可归还土壤较为丰富的氮素和有机物、矿物质,有利于改善土壤性状,可为后茬作物生长创造良好土壤条件,故大豆是用地与养地相结合的作物,是多种作物的良好前茬作物。而大豆前茬作物施肥,特别是施有机肥、矿物磷肥,对后茬大豆有良好增产效果。在大豆与其他作物的轮作栽培中,应根据轮作中的作物需肥特点,制定全年施肥计划,以便更好地发挥肥料的增产效益,提高肥料利用率。

第三节　大豆引种利用与品种改良

一、大豆品种类型

我国有悠久的种豆历史、辽阔的种植区域,类型多样的土壤、气候与耕作制度,加上不同利用需求的长期定向选择,形成了丰富多样的大豆品种资源和多种类型的大豆品种。

按习惯播种期可将全国各地区的品种分为春播大豆、夏播大豆、秋播大豆和冬播大豆。春大豆又有北方春大豆、黄淮春大豆和南方春大豆之分。各地不同类型的大豆品种适应当地的土壤气候条件与耕作栽培制度。按结荚习性分为无限结荚习性、有限结荚习性和亚有限结荚习性三大类型,各类型适应不同的生态环境。无限型品种由下而上开花结荚,花序短,植株高大繁茂,营养生长与生殖生长同步时间长,开花后还能大量生长,豆荚分布于主茎和分枝上;有限型品种由中上而下开花结荚,花序长,主茎顶端成簇,豆荚集中于主茎中上部;亚有限型大豆品种由上而下开花,生育特性及花序长度介于无限型与有限型之间,主茎顶端一般结3~4个果。无限结荚习性品种大多为半直立型。有限和亚有限结荚习性品种多为直立型,三种结荚习性品种分别适应不同生态区栽培。

按籽粒大小可以分为小粒、中粒和大粒。百粒重10克为小粒型,10~20克为中粒型,多数品种的百粒重15~20克,10克以下的为特小粒,25克以上的为特大粒。籽粒大小与生态环境密切相关。小粒品种抗逆性强,在干旱条件下较易出苗。在土壤含水量仅有8.26%的条件下,百粒重小于10克的品种可以有48.5%的出苗率,而百粒重大于25克的大粒品种只有29.34%的出苗率。小粒品种只吸收自身重量117.5%的水分便可发芽,而大粒种需吸收自身重量148.8%的水分才能发芽。小粒品种耐寒性强,在地温3.5℃条件下播种,小粒种31天出苗,出苗率98.22%;大粒种需38天出苗,出苗率为81.96%。小粒品种能在干旱、盐碱地区及生育季节长的地区种植,大粒品种适合于土壤肥沃、水分充足的地区种植。

按种皮颜色可分为黄色、黑色、青色、褐色和双色品种。黄色品种用途广,各栽培区以黄色品种居多。大豆种皮颜色与抗性有关,黑色、褐色品种的适应性、抗性及出苗势强于其他种皮颜色的品种。江苏省地方种泰兴黑豆在南方产区早春播种抗烂种能力强于其他品种。黑色种皮与大豆孢囊线虫病相关,已筛选出的抗大豆孢囊线虫病品种多是黑色皮品种。黑色种皮品种多分布于干旱、盐碱土壤地区,粒大、种皮黄色的大豆品种是各产区的主要栽培品种。

按籽粒蛋白质、脂肪含量的多少可分为高蛋白品种、高油品种和高蛋白高油品种。我国栽培大豆的蛋白质含量 29.3% ~ 52.9%,其中 46% 以上的为高蛋白品种。脂肪含量 10.7% ~ 24.2%,一般为 20% 左右,21% 以上为高油品种。

二、大豆良种的引种利用

大豆是短日照作物,品种的适应范围或地域较窄。新育成的品种可以在品种区域试验确定的适宜地区种植,而在区域试验之外的地区引种利用,则应经过引种试种和产量、抗性鉴定后方。不同纬度、不同海拔地区间引种应当十分慎重。由低纬度向高纬度地区引种,因光照时数的延长而导致开花成熟延迟,甚至不能成熟;由高纬度向低纬度地区引种则会因光照时数缩短而使大豆早开花早成熟,植株矮小产量低。同一纬度地区由于海拔高度不同引起温度差异,低温能延迟开花成熟,温度较高的平原地区向海拔高、温度较低的山区引种会延迟开花成熟。

根据大豆的生态特性和各产区的自然条件与生产条件,对国内地区间引种提出以下参考方案。

(1)黄河以南、淮河以北广大地区与陕西省关中地区、甘肃省陇中地区、陇东北区的夏播大豆可以相互引种试种。自偏南地区向偏北地区引种,自东部向西部引种时应选择略早熟的大豆品种,还可将长江流域的春大豆晚熟类型及夏大豆的早熟型引入作夏大豆试种。

(2)东北地区哈尔滨、长春、沈阳等地,可引用纬度偏南 1~2 度较早熟品种及较偏北地区的晚熟品种,黄淮流域的早熟夏大豆及长江流域的春大豆也可以引入试验观察。辽宁省南部地区的夏播大豆品种可引用黑龙江省北纬46度以北地区的品种试种。

(3)长江中下游及四川省中部地区可以相互引种春、夏大豆品种；沈阳市以北、黑龙江省中部以南的品种及辽南、华北地区的早熟春大豆品种也可以引入作春大豆试种；相同纬度区及其以南地区的秋大豆品种可以相互引种，本区的迟熟春、夏大豆品种可作秋大豆试种。

(4)新疆乌鲁木齐、玛纳斯河流域和伊犁地区的春大豆区，可以引种东北、北纬42～46度地区的大豆品种；北京附近地区春大豆，可自东北中南部地区和山西中部地区引种。

(5)山西省中部的春大豆区可自东北中南部及河北地区引种；也可引用江淮地区的早熟春大豆试种。山西省北部的春大豆区及南部的麦后夏作大豆区可引用吉林以北的春大豆试种。

(6)华南地区，夏大豆可引长江流域偏南地区的中迟熟夏大豆试种；本区的秋大豆可引用长江流域及其以南地区的迟熟夏大豆品种试种；华北及东北中部、南部的品种可引入作春大豆或冬大豆品种试种。

(7)贵阳地区的麦后夏播大豆，可以引入江淮和豫中、豫东地区的早熟夏大豆品种及中熟夏大豆品种试种。

引种前必须了解品种的特征特性、生态类型、播种期类型、产量水平、抗病虫能力及品种抗逆性等。还要了解品种原产地的生态环境，包括土壤、气候条件、耕作制度、栽培条件及大豆产量水平等，并与本地的生态环境与农业生产条件比较，分析原产地与本地生态环境和农业生产条件的相似之处及其差异。引入的品种须经试种观察和产量比较试验后方可利用。

三、大豆品种改良

1. 品种改良方法的发展

我国古代农业中已有农作物品种的改良，主要方法是根据需要从田间农作物中优中选优或选天然杂交的变异单株单独留种繁殖。正因为几千年来的人为选择，才留下了现有的两万多份大豆品种资源。新中国成立以后,有专门设立的研究机构进行大豆品种改良。首先是进行地方品种登记、搜集、整理、鉴定,然后开展混选和系统选择育种,20世纪50年代通过混选和系统选择育成一大批品种,继而开展有性杂交育种,并成为主要育种途径,积累了丰富的经验。在20世纪60年代育成大批新品种,取代老品种,70年代起更育成一批高产、优质、多抗新品种。此外辐射育种也取得很大成效,特别是通过辐射育成了早熟、高油品种。20世纪90年代以来,大豆杂种优势利用取得重大突破,已实现三系配套,育成世界上第一个大豆杂交种——吉杂豆1号。近来,分子生物技术应用于大豆品种改良,也取得初步成效。

在大豆育种目标方面,我国相继开展了高产育种、高蛋白和高油育种、抗病育种、抗虫育种、抗旱育种、抗倒伏育种、抗涝育种和高光效育种。

2. 大豆品种改良的成就

20世纪50年代育成41个品种,60年代育成70个品种,70年代育成123个品种,80年代育成278个品种。统计资料显示,1923～1995年全国共育成651个品种。全国农业技术推广服务中心的统计资料,1996～2003年全国共育成435个新品种。根据以上不完全的统计资料,1923～2003年全国各地育成的大豆品种总计为1 086个。2004年国家审定大豆品种7个,2005年国家审定大豆品种26个。1989～2005年,国家农作物品种审定委员会共审定119个品种。这些品种成为当前大豆生产上的主栽品种。

第四节　大豆的共生固氮与氮肥

一、大豆的氮素营养

氮是大豆生长发育和籽粒形成的基本元素。氮素营养不足,叶绿素含量降低,光合作用减弱,蛋白质的合成代谢受阻,会造成生长滞缓,花荚脱落,粒少粒小,从而导致严重减产。大豆的产量形成及产量高低取决于氮素营养的供应状况。

在大豆植株中,氮有三个来源:一是土壤氮,二是肥料氮,三是生物固氮。土壤氮是大豆氮的基本来源。肥料氮是补充性氮源。生物固氮是大豆的主要氮源,是大豆与根瘤菌共生,固定的空气中的氮。

二、合理施用氮肥

大豆生长过程中,氮素的供给状况是决定大豆产量高低的主要养分因子。根据土壤肥力特性和大豆品种特性,合理施用氮肥是实现大豆高产的关键技术之一。

大豆植株各器官中的氮浓度差异很大,且随生育期而变化。叶片 1.5%～6.5%,叶柄 0.8%～3%,茎 0.5%～3.5%,根系 0.8%～3.5%,果皮 0.8%～4%,籽粒 5%～8%。据董钻在沈阳的研究资料,春大豆品种辽豆 10 号,植株各器官的含氮量达到最高值的时间,叶片为出苗后 35 天,叶柄为出苗后 21 天,茎秆为出苗后 35 天,果皮为出苗后 77 天,籽粒为出苗后 91 天,各器官含氮量均在出苗后 135 天降至最低值或低值。表 7-1 为山东夏大豆鲁豆 4 号生育期各器官的含氮量。

表 7-1　夏大豆初花至鼓粒末期务器官含氮量　(%)

生育期	根	花	叶	果	全株
初花期	3.53	2.58	5.23	—	4.06
结荚期	2.95	2.71	4.86	3.17	3.62
鼓粒中期	2.49	3.04	3.43	4.01	3.47
鼓粒末期	1.78	1.98	2.88	4.51	3.25

缺氮的大豆植株生长慢,矮小而分枝少,叶色浅绿或黄绿色,下位叶片发黄。功能叶片含氮量的测定可以作为判断大豆植株氮素营养状况的依据。如开花期大豆顶端已展开的功能叶片氮含量 <4% 为缺乏,4%～4.5% 为不足,4.51%～5.5% 为中等,5.5%～7% 为高量,>7% 为过量。

大豆氮肥的施用与土壤有机质、土壤全氮及土壤速效氮的含量水平相关。据东北春大豆试验,大豆单产 3 000 千克/公顷以上要求土壤有机质 4% 以上,全氮 0.2% 以上,速效氮 60 毫克/千克以上。

欲达到 3 000 千克/公顷产量,根据土壤肥力状况应施纯氮 90～180 千克/公顷,但必须分期施用。90 千克/公顷纯氮可以分为两期施,种肥或苗期追肥占 1/2,花期占 1/2。如果每公顷施 120～180 千克纯氮,宜分为三期施用,种肥或苗期追肥、初花期追肥、结荚期追肥各 1/3。种肥配合施用磷钾肥和微量元素肥料。这样施肥不仅可以获得大豆丰产,还有利于提高共生结瘤固氮效率。

三、大豆的生物固氮

大豆和大豆根瘤中的根瘤菌共生,将空气中的游离氮转化固定为氮化物(NH_3 或 NH_4^+)的过程称为生物固氮。大豆的生物固氮可以供给大豆氮素营养,促进大豆生长,提高大豆产量,还有利于减少化学氮肥的施用,培肥土壤,在农业生产中具有十分重要的意义。

1. 固氮机制

大豆在生长过程中,存在于土壤中的大豆根瘤菌侵入根系生成根瘤。根瘤是大豆根系与大豆根瘤菌共生的产物,是进行共生固氮的场所。大豆根瘤中的固氮酶和豆血红蛋白构成固氮系统,而固氮酶又是铁蛋白和钼铁蛋白构成的复合体,只有铁蛋白与钼铁蛋白结合才能进行固氮过程。豆血红蛋白是由血红素和球蛋白组成,是由根瘤菌侵入后诱导产生的。成熟的能固氮的根瘤内部是红色的,这种红色源于豆血红蛋白,只有含红色豆血红蛋白的根瘤才是能固氮的有效根瘤。

大豆根瘤的固氮过程初期产物主要是酰脲。因而通过测定大豆根瘤或幼茎中的酰脲含量,可以判断大豆共生固氮效率,计算出固氮量。

2. 接种大豆根瘤菌

大豆共生、固氮是一种无污染、低能耗、廉价的植物氮素供应途径。根瘤菌剂中含大量液体的根瘤菌,能促进早结瘤,多结瘤,加强大豆的氮素营养,是一项节本高效的生产技术。此技术在一些豆科作物生产国家均已被大规模应用,根据多年的科学试验和生产示范结果,我国大豆产区应用大豆根瘤菌剂有稳定的增产效果,一般能增产 10%～15%。只在一些长年种植大豆,施用根瘤菌剂后的土壤条件较差(过于干旱或雨涝)不利于根瘤菌存活,才会致使根瘤菌的衰败，降低增产幅度。目前，我国大豆根瘤菌剂的应用还不多，主要原因有两个：一是根瘤菌的选用及菌剂生产销售环节不畅通，缺少活力和推广力度；二是推广应用与研究工作衔接不够，不能够根据产区的大豆品种特性、土壤和气候条件生产相宜的菌种、菌剂类型，改进使用技术。应加快这方面的技术研究与示范推广工作，在全国各个大豆产区，特别是多熟制大豆产区，广泛应用大豆根瘤菌剂，以利于提高大豆产量，降低生产成本。同时，可保护土壤生态环境，提高土壤肥力。

3. 影响固氮的因素

大豆共生固氮量及固氮率因大豆品种基因型、根瘤菌株特性、生态环境及栽培条件而有很大差异，每公顷的固氮量从。0～450千克，固氮率从 0～83％，我国的研究资料多为 60～150 千克，固氮率 30％～70％。

不同熟期组的固氮活性为中熟组＞中早熟组＞早熟组，不同结荚习性大豆品种的固氮活性为无限结荚习性＞亚有限结荚习性＞有限结荚习性，不同播期品种的固氮量为夏、秋大豆＞春大豆。

经数千年的栽培，土壤中的根瘤菌也出现多种菌株类型，有人将其分为速生型、慢生型和超慢生型三种。不同类型及同一类型的不同菌株与大豆共生结瘤固氮的能力有很大差异，在大豆生产中要选用共生固氮效应好的大豆根瘤菌株与大豆品种，构成最优共生组合。

盆栽试验结果，化合态氮，特别是硝态氮对大豆的结瘤固氮起抑制作用，且随施氮量的增加而有增强的趋势。而在田间生产条件下，适量施用氮肥（120 千克/公顷以下）只对前期结瘤固氮有抑制作用，而对结荚鼓粒期的结瘤固氮抑制作用很小，甚至有促进作用；种肥或苗期追肥施用较低量氮肥（25 千克/公顷以内）对前期结瘤固氮无明显抑制作用，对后期结瘤量与固氮率则有促进作用。在生产上适量氮肥与磷钾肥配合施用，不但可以提高大豆产量与品质，还可提高共生固氮量，提高固氮率。

第八章 油菜农艺工的
岗位职责与素质要求

第一节 油菜农艺工的职责与重要性

一、油菜农艺工的概念与职责

油菜农艺工应属于油料作物栽培工种的一种职业岗化。即农业职业—农、林、牧、渔、水利业生产人员—种植业生产人员—大田作物生产人员—油料作物栽培工—油菜农艺工。

油菜农艺工的职责,就是要在油菜生产过程中,按照相关技术要求完成上述农艺工从事的 9 个方面的工作。要在合理作物布局、合理轮作换茬的前提下,应用已有的科学技术成果和已获高产的技术经验,通过选用优质高产又能适应本地区气候土壤条件的油菜良种,实行精细整地播种,加强田间管理,采用适当的调控措施,促进油菜生长发育和高产的形成,从而大幅度提高单位面积产量,提高油菜的经济效益。

二、油菜的重要地位

油菜农艺工的岗位是非常必要的,也是非常重要的。因为发展油菜生产不仅可为社会、为全国人民提供营养丰富的食用油,为养殖业提供优质蛋白质饲料,同时还有利于培肥土壤,促进农业、养殖业持续发展,增加生产者单位或家庭的经济收入。油菜在现代工业、食品、医药保健、生物能源以及生态景观等方面都具有重要意义。

油菜是我国最主要的油料作物。我国有发展油菜产业的良好基础与优越条件。近年来,随着双低(菜籽油中低芥酸、菜籽饼中低硫代葡萄糖苷"简称低硫苷")油菜新品种的选育与推广,以及我国种植业生产结构的不断调整,油菜生产的发展十分快速。油菜产业的发展,有利于形成种植业、养殖业、农产品加工业等相关产业共同发展的良好新局面,对各地农村经济的发展、农民增收具有重要意义。

1. 多种用途的工业用油

菜籽油不仅是良好的食用油,在现代工业上的用途也日益广泛。其工业用途包括:①用于橡胶工业的添加剂,增进橡胶的稳定性,防止老化和变形。②用于金属表面的润滑剂和防蚀剂。高芥酸(大于55%)品种的油菜籽可以用来生产高级润滑剂和脱模剂。③用于鞣制皮革,提高皮革的韧性和柔软性。④制作清漆和喷漆以及毛纺工业上的漂、洗、染等化学剂的原料。⑤制作香料、肥皂、尼龙丝、油墨等产品。

2. 食品加工与医药保健的原料

采用脱皮加工技术,可从菜籽皮中纯化提取天然的抗腐、抗氧化剂植物多酚和植酸,以替代市场上对人体健康有一定副作用的食品添加剂。此外,菜籽榨油产生的脱臭馏出物,可提取天然的维生素E和植物甾醇。天然维生素E的生物活性是合成维生素E的3倍,对人体无任何副作用,因而它越来越多地被用来替代合成维生素E。植物甾醇具有降低胆固醇、降低血脂的功效,广泛应用于食品、保健品、医药等行业。美国药品监督部门已批准添加植物甾醇的食品使用"有益健康"的标签。

3. 重要的保健食用油

油菜种子含油量丰富,油分占种子干重的35%～45%。菜籽油与大豆油、棕榈油合称为全球三大植物油。菜籽油营养丰富,自古以来为我国人民食用。普通菜籽油在进行脱色、脱臭、脱脂或氢化等精炼加工程序之后,可用于制造色拉油、人造奶油、起酥油等食用产品,但是普通菜籽油芥酸的含量较高(大于45%),人体吸收后不易消化,从而限制了菜籽油的食用价值。目前大面积推广的低芥酸油菜品种生产的菜籽油色泽清淡、不浑浊、味香,其脂肪酸组成有利于人体健康,可直接用于加工保健菜籽油。

菜籽饼营养丰富,是良好的饲料。但是普通菜籽饼中含有较多的硫代葡萄糖苷(简称硫苷),动物食用后会产生各种中毒症状,需经过加热处理破坏毒性后才能作为精饲料使用。低硫苷油菜品种的发展使菜籽饼的饲用价值大大提高。

4. 优质的饲料与植物蛋白

菜籽榨油后得到约 60% 的饼粕。菜籽饼粕中含 35%～39% 的蛋白质,其余为碳水化合物(30%～40%)、粗脂肪(2%～7%)、粗纤维(10%～14%)、维生素及多种矿物质,其成分与大豆饼粕相近。菜籽饼粗蛋白质中有 72% 的氨基酸,所含 8 种氨基酸的组成与世界卫生组织推荐的模式非常接近,可广泛用于人类蛋白质食品的加工,每 667 米^2 所生产的油菜可生产约 26 千克的植物蛋白。目前,我国每年有 600 万～700 万吨的油菜籽饼粕尚待综合利用。

5. 发展可再生生物柴油的理想原料

以低芥酸菜籽油为原料生产的生物柴油是矿物柴油的理想替代品,已引起欧洲各国的广泛关注。2004 年,欧盟以低芥酸菜籽油为原料生产生物柴油约 160 万吨,占欧盟同期柴油生产总量的 80%,有效缓解了石油短缺的局面。低芥酸油菜籽作为生物柴油原料有两大主要优势:一是菜籽油的脂肪酸碳链组成与柴油分子的碳链数相近,制成的生物柴油可以与矿物柴油任意混兑,现有的柴油机和柴油配送系统基本上可以不作调整;二是含氧量高而硫的含量为零,不会产生二氧化硫和硫化物的排放,一氧化碳的排放量显著减少,可降解性也明显高于矿物柴油,具有优良的环保特性。

三、油菜在生态及农业生产上具有重要意义

1. 有利于作物合理布局

油菜可在不同的气候带实行春播和秋播,又能与稻、棉、玉米、高粱等多种作物轮作复种,是提高复种指数、促进全年增产增收的优良作物。在油菜、花生、大豆、葵花及芝麻等油料作物中,油菜是唯一的冬季油料作物,不与其他油料作物争地,较易安排茬口。

2. 有利于促进养蜂业的发展

油菜的花期长,花器官的数目多,每朵花有多个蜜腺。它与芝

麻、荞麦一起被称为我国三大蜜源作物,因此种植油菜可以促进养蜂业的发展。

3. 有利于改良土壤

油菜还是一种用地养地相结合的前茬作物,其根系能分泌有机酸溶解土壤中难以溶解的磷素,提高土壤中磷肥的有效性;大量的落叶、落花以及收获后的残根和植株还田,能显著提高土壤肥力,改善土壤结构。菜籽饼是一种优质肥料,平均含氮 5.5%、磷 2.5%、钾 1.4%。此外,油菜的根、茎、叶、花、果壳都含有较高的氮、磷、钾元素。据试验,667 米² 产量 100～150 千克的菜籽从土壤中吸收的氮素,相当于榨油后的菜籽饼连同根、茎、叶等全部还田所含的氮素,基本上可以平衡土壤氮的消耗量。

4. 有利于发展生态旅游业

隆冬季节百草枯黄时,油菜地一片碧绿;春季到来后万物复苏,油菜花开放田野一片金黄,迷人景色可持续 1 个月左右。近年来,云南省罗平、江西省婺源等地已将油菜作为旅游区景观作物大力发展,每年吸引大量旅游和摄影爱好者。

四、加快发展油菜生产任务紧迫

1. 世界油菜生产概况

油菜栽培历史十分悠久。中国和印度是世界上栽培油菜最古老的国家。从我国陕西省西安半坡社会文化遗址中就发现有油菜籽或白菜籽,距今有 6000～7000 年。印度公元前 2000 年至公元前 1500 年的梵文著作中已有关于"沙逊"油菜的记载。油菜的起源地一般认为有两个:亚洲是芸薹和白菜型油菜的起源中心;欧洲地中海地区是甘蓝型油菜起源地的起源中心。芥菜型油菜是多源发生的,我国是其原产地之一。

现在,油菜在地球南纬 40 度到北纬 60 度都有种植,而且油菜籽生产发展迅速。2005 年与 1990 年相比,世界油菜产量增加了 2 090 万吨(增产率为 85.6%);种植面积增加了 9 440 千公顷(增长了 53.6%),每公顷单产提高了 289 千克。

从油菜生产的地区来看,主要分布在欧盟、中国和加拿大,

1995 年以来三者产量占全球油菜总产量的 70%～80%。2005 年中国、印度、加拿大 3 国产量合计达到 2595 万吨,占世界总产量的 57%。从总产量来看,2005 年排在前 10 位的是中国、加拿大、印度、德国、法国、英国、波兰、澳大利亚、美国、巴基斯坦。其中单产最高的是法国,达到每 667 米^{2}243 千克。

2004 年世界油菜籽贸易量与 1990 年相比,进口量增加了 3.88 万吨(增长了 83.6%),出口量增加 33.9 万吨(增长了 84.3%)。世界前 10 大出口国中加拿大、法国、澳大利亚出口量合计达到 641 万吨,占世界出口量 851 万吨的 75.3%;中国、德国、日本、墨西哥 4 国进口量合计达到 753 万吨,占世界进口量 851 万吨的 88.5%。

中国油菜分布广泛,产区集中。随着生产的不断发展,油菜已成为我国水稻、小麦、玉米、大豆之后的第五大作物,栽培面积和总产居世界之首,均占世界 1/3。近年来我国油菜种植面积大约为 730 多万公顷,油菜总产量达到 1 300 多万吨,平均单产为每 667 米^{2}110 千克左右。其中长江流域一直是我国油菜主产区,也是世界上油菜分布最为集中、规模最大、开发潜力最大的油菜集中产区。近 20 年来,黄河流域的青海、陕西、甘肃、内蒙古等省、自治区油菜生产发展很快,已成为年产 10 万吨以上的生产大省。东北的黑龙江、南方的广西、高海拔的西藏等地油菜生产发展也很快。

2005 年我国油菜种植面积排在前 5 位的是湖北、安徽、四川、湖南和江苏,分别为 118 万公顷、95 万公顷、81.6 万公顷、75.2 万公顷、66 万公顷。总产量排在前 5 位的是湖北、安徽、四川、江苏、湖南,分别为 219 万吨、182 万吨、169 万吨、158 万吨、108 万吨。湖北省油菜面积与总产量连续 10 年居全国第一位,油菜产量约占全国的 1/5,占世界的 1/18。山东、江苏的油菜种植水平较高,每 667 米^2 单产达到 160 千克。

2. 我国油料需求及发展油菜的紧迫性

近半个世纪以来,世界油料及制品生产一直保持着较高的发展速度。1995 年油料作物面积、单产和总产比 1950 年分别增加了 1.9 倍、1.2 倍、5.4 倍。

1985 年以前,我国一直是植物油和油料的出口国家。1986 年以后我国开始成为植物油净进口国。而且由于国内市场对植物油的需求猛增,油料生产满足不了消费需求的快速增长,植物油的供需缺口日益扩大,国家每年进口的植物油数量越来越多。我国已成为植物油和油料的进口大国,每年需进口相当数量的大豆、菜籽、大豆油、棕榈油和菜籽油。

在我国主要油料作物花生、油菜、向日葵、芝麻、胡麻中(大豆统计在粮食内),油菜种植面积最大(约占油料总面积的一半)。我国油菜籽榨油产量约 470 万吨,占我国自产植物油产量的 44% 左右。菜籽油是我国消费的主要植物油。根据国家粮油信息中心提供的资料显示,2003 年我国食用油的消费量为 1 700 万吨,国内生产 850 万吨。其中菜籽油 350 万吨,占 41.2%;花生油 240 万吨,占 28.2%;大豆油 110 万吨,占 12.9%;棉籽油 150 万吨,占 17.6%;葵花籽、茶籽等其他油料作物油 15.2 万吨,占 1.8%。

食用植物油是城乡居民重要的生活必需品。抓好油菜生产,对于稳定食用植物油市场、满足消费需求、增加农民收入、促进经济发展具有重大意义。

3. 我国油菜生产面临的问题

首先,我国现有的油菜生产体系工序较复杂,机械化程度低,使我国油菜生产的综合成本较高。2006~2007 年,由于油菜生产效益偏低,农民种植积极性下降,全国油菜种植面积持续下滑,产量徘徊不前,国内食用植物油的产需缺口不断扩大。

其次,尽管我国已成功选育出一批品质达到国际先进水平的双低油菜品种,但分散种植及配套栽培技术的不到位,造成了双低品种与双高品种混种混收,商品品质很难得到保证,产品质量与加拿大、澳大利亚及欧洲各油菜主产国相比还有较大的差距。目前市场上还没有批量的低芥酸菜籽油销售,优质菜籽饼粕的开发及其精深加工已成为制约我国油菜产业整体效益提高的瓶颈。

因此,如何采用科学有效的种植技术,提高单产与经济效益是油菜生产亟待解决的问题。与此同时,尽快改变农民一家一户的种植方式,实行同一优质品种的连片区域化种植和产业化经营,在提高科技水平的基础上简化种植管理程序,发展机械化栽培,是提高我国油菜产品质量和国际市场竞争力的唯一出路。

4. 我国发展油菜生产的潜力

我国的油菜生产有进一步发展的良好潜力。第一,是双低菜籽油的品质好,是最有利于健康的食用油,消费量增加,低硫苷饼可作饲料,市场需求量大。第二,是油菜为多用途的作物,在油料、饲料、能源、肥料、蜜源、观景等方面有很好的开发前景。第三,是油菜为用地养地相结合的作物。在轮作中有重要的地位。长江流域是冬季种油菜,与粮食争地的矛盾较少。目前我国的油菜种植面积约有 6.7 亿公顷,估计还有 670 万公顷的冬闲田可发展油菜生产。第四是油菜的单产与效益潜力很大。我国山东、江苏种植的油菜每 667 米^2 产量已经达到了 160 千克,高产试验田每 667 米^2 产量水平可达到 200 千克以上。目前各地开展的轻简化,机械化栽培试验示范均表明,油菜栽培的工序可以简化,成本可以降低。油菜的菜用、饲用等多种用途开发,以及套栽马铃薯等种植模式都有可能大幅度提高经济效益。

油菜生产与加工对油菜新品种、新技术、新工艺及其产品综合利用等工程技术的需求非常迫切。这一需求是国民经济发展的需要,也是我国油菜生产走向科学化、规范化、规模化、产业化和市场化的客观需要。油菜生产的发展,对保障国内食用油供给、增加农民收入、促进区域经济发展具有重要意义。为鼓励长江流域利用冬闲田扩大油菜种植面积,提高产品品质和产量,从 2007 年开始,我国中央财政对长江流域双低油菜优势区种植油菜的农民给予每 667 米^2 10 元的补贴,补贴区域包括四川、贵州、重庆、云南、湖北、湖南、江西、安徽、河南、江苏、浙江等省、直辖市。

油菜农艺工要充分认识自己从事油菜生产的光荣使命和神圣职责。应关注人民的生活,了解加快我国油菜生产发展的紧迫性,把自己从事的事业同弘扬华夏文明联系在一起,时时鼓励自己钻研油菜生产技术。

第二节 油菜农艺工需要掌握的技术

一是，注意学习同类型区域内他人的油菜种植经验，特别是高产农户、高产田块的经验。遇到不清楚的问题，向当地的技术人员请教。

二是，了解油菜的生育过程和生态条件。了解油菜种子发芽出苗期、苗期、蕾薹期、花期、角果成熟期的生长发育过程，各生育阶段对环境条件——土壤、水分、养分、温度、光照的要求。

三是，及时观察记载田间油菜生长情况，根据田间油菜长势或出现的新情况，采取阶段性的田间管理措施。

四是，了解油菜品种的特性，如生长发育特性，需水需肥特性，感染病虫害情况及抗病、抗虫特性。依油菜品种特性和生态环境制定相宜的栽培、管理技术措施。

五是，观察油菜田间生长情况，记载各项技术措施，总结每季油菜的丰产经验及存在的问题，作为下季种植的技术措施调节依据。

第九章　油菜农艺工应具备的基础知识

第一节　油菜的种植区域

一、油菜的分布与分区

油菜广泛分布于世界各地，从南纬 40 度到北纬 60 度都有种植，但主要产区在亚、欧、美三大洲。我国油菜的分布遍及全国，共有 31 个省、自治区、直辖市种植油菜。北起黑龙江和新疆，南至海南，西至青藏高原，东至沿海各省均有分布。

按农业区划和油菜生产的特点，以六盘山（宁夏境内）和太岳山（山西境内）为界线，大致将我国种植区域分为冬油菜和春油菜两大产区。六盘山以东和延河（陕西境内）以南、太岳山以东为冬油菜区；六盘山以西和延河以北、太岳山以西为春油菜区。

冬油菜区集中分布于长江流域各地及云贵高原。此区域无霜期长，冬季温暖，一年二熟或三熟，适于油菜秋播夏收，种植面积和总产量约占全国的 90％。冬油菜区又分 6 个亚区：华北关中亚区，云贵高原亚区，四川盆地亚区，长江中游亚区，长江下游亚区和华南沿海亚区。其中四川盆地、长江中游、长江下游 3 个亚区是冬油菜的主产区，均以水稻生产为中心，实行油、稻或油、稻、稻的一年二熟或三熟制。

春油菜区冬季严寒，生长季节短，降水量少，日照长且强度及昼夜温差大，对油菜种子发育有利；1 月份平均温度为 $-10 \sim -20$℃或更低，为一年一熟制，实行春种（或夏种）秋收，种植面积及产量均只占全国的 10％。春油菜区又分 3 个亚区：青藏高原亚区，蒙新内陆亚区和东北平原亚区(图9—1)。春油菜区有西北原产的白菜型小油菜和分布广泛的芥菜型油菜。蒙新内陆亚区与冬油菜区的云贵高原亚区,是我国芥菜型油菜类型分化最多和种植面积最大的地区。西北地区还是世界上单广:最高的地区,而东北平原则为我国新发展的春油菜产区。

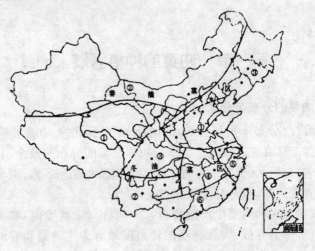

图例:
------冬、春油菜区分界线 ——冬油菜区分界线

春油菜区:
①青藏高原亚区 ②蒙新内陆亚区 ③东北平原亚区

冬油菜区:
①华北关中亚区 ②云贵高原亚区 ③四川盆地亚区
④长江中游亚区 ⑤长江下游亚区 ⑥华南沿海亚区

图9—1 我国油菜产区的划分

二、长江流域是发展油菜的优势区域

1. 长江流域发展油菜优势条件

长江流域冬油菜是我国油菜主产区,也是世界上油菜分布最为集中、规模最大、开发潜力最大的油菜集中产区。全流域面积达180多万平方千米,油菜播种面积、产量均占全国的85%,其中湖

北、安徽、江苏、四川和湖南的产量居全国前 5 位。长江流域产量占世界产量的 1/4 以上,多于欧洲和加拿大。可以说,长江流域冬油菜区的油菜产业水平代表着我国油菜产业的整体水平。长江流域油菜带是世界上的油菜主要生产带,与世界油菜主要生产国(地区)如欧洲、加拿大及澳大利亚相比,长江流域发展油菜产业具有得天独厚的优势。通过推广双低油菜,发展油菜产业,完全可参与亚太地区及世界国际贸易或国际市场竞争。

2. 长江流域双低油菜优势区域布局

在我国农业部对 2003～2007 年进行的优势农产品区域布局规划中,根据资源状况、生产水平和耕作制度,将长江流域油菜优势产区进一步划分为上、中、下游 3 个区,并在其中选择优先发展地区或县市。其主要条件是:油菜种植集中度高,播种面积占冬种作物的比重分别为上游区占 30%、中游区占 40%、下游区占 30%;有适合的双低品种,推广面积已达 70%;区内和周边地区有带动能力较强的加工龙头企业。

(1)长江上游优势区。该区包括四川、重庆、云南、贵州的 36 个县(市、区)。其中四川 18 个,贵州 10 个,重庆 4 个,云南 4 个。该区气候温和湿润,相对湿度大,云雾和阴雨日多,冬季无严寒,有利于秋播油菜生长。加之温、光、水、热条件优越,油菜生长水平较高。耕作制席以两熟制为主。

该区 2005～2006 年种植油菜 167.8 万公顷,油菜籽产量 307 万吨,面积、产量均占长江流域的 27%。四川省历来有食用菜籽油的传统,因而油菜种植面积很广。全省除了甘孜、阿坝、凉山 3 个少数民族自治州以及攀枝花市以外,所有的地、市都有油菜种植,主要分布在德阳、绵阳、眉山、遂宁、内江等地。

(2)长江中游优势区。该区包括湖北、湖南、江西、安徽和河南信阳的几个县(市、区)。安徽大部分油菜主产区地理位置在长江下游,但油菜的品种、生产条件和产业水平均与长江中游接近,所以被划为长江中游区,属亚热带季风气候,光照充足,热量丰富,雨水充沛,适宜油菜生长。主要耕作制度北邮以两熟制为主,南部以三熟制为主。

该区2005～2006年种植油菜370万公顷,油菜籽产量639万吨,面积、产量分别占长江流域的59%和56%,是长江流域油菜面积最大、分布最集中的产区。湖北油菜种植区域在江汉平原、鄂东地区,主要在荆州、荆门、襄樊、宜昌、孝感、黄冈、黄石地区。安徽油菜种植面积及产量仅次于湖北,居全国第二位,主要种植集中在六安、合肥、滁州、巢湖、芜湖、安庆、宣成等地,基本上是淮河以南及沿长江一带。湖南油菜种植区域集中在洞庭湖平原,主要是常德、益阳、岳阳地区。

(3)长江下游优势区。该区包括江苏、浙江、上海3省、直辖市的22个县(市、区)(图9－2)。属于亚热带气候,受海洋气候影响较大,雨水充沛,日照丰富,光温水资源非常适当油菜生长。其主要不利因素是地下水位较高,易造成渍害。土地劳力资源紧张,生产成本高。其耕作制度以两熟制为主。

图9－2 双低油菜优势区域布局示意图(中国农业部)

注:图中涂黑地域为双低油菜优势区

该区 2005～2006 年种植油菜 88.8 万公顷,油菜籽产量 204 万吨,面积、产量分别占长江流域的 14％和 18％,是长江流域油菜籽单产水平最高的产区。江苏、浙江、上海地处长江三角洲,交通便利,港口贸易活跃,油脂加工企业规模大,带动能力强。江苏油菜种植区域主要集中在长江以北,包括盐城、扬州、泰州、南通、南京等丘陵地区。浙江油菜种植主要集中在两个区域:一是浙北的杭(州)嘉(兴)湖(州)地区,二是浙南的衢州一金华地区,两地区油菜籽产量约占浙江总产量的 85％。近年来浙江油菜种植面积和产量都大幅下降,特别是杭嘉湖地区由于工业快速发展,减少幅度更大。

第二节　油菜的类型及品种

一、油菜的类型

1. 生产上的常用分类

我国在生产利用不同油菜品种上习惯地将其分为 3 类。

(1)常规(普通)油菜。按常规育种方法育成的高产油菜品种,如中油 821、湘油 10 号等。

(2)优质油菜。有优质特性的油菜。目前主要指菜籽油中为低芥酸、菜籽饼中为低硫代葡萄糖苷含量的油菜。包括单低油菜(低芥酸),如中油低芥 2 号、淮油 12 等;双低油菜,如华双 4 号、湘油 13、中双 4 号等。杂种具有优良品质特性的则称优质杂交油菜,如华杂 3 号、华杂 4 号等。

(3)杂交油菜。在培育新品种的过程中,利用两个遗传基础不同的油菜品种或晶系,采取一定的生产杂种的技术措施(如三系育种、两系育种、化学杀雄、自交不亲和等)得到的第一代杂交种,如秦油 2 号。

2. 按生育期长短分类

按生育期的长短将不同油菜品种分为早熟、中熟和晚熟 3 种类型。一般冬性油菜为晚熟或中晚熟品种,半冬性油菜为中熟或早中熟品种,春性油菜为极早熟、早熟及部分早中熟品种。不同熟期品种的具体生育天数因不同地理位置、不同地区耕作栽培制度而有较大差异。不同学者对油菜的划分标准也有差异。一般以收获时间划分较易掌握,但也是相对而言的。如,对甘蓝型油菜品种的划分标准,江苏省在一般情况下将5月25日以前成熟的划为早熟品种,5月底成熟的划为中熟品种,6月上旬成熟的划为晚熟品种。湖北省则一般将5月5日以前成熟的划为早熟品种,5月10日以前成熟的划为中熟品种,5月10日以后成熟的划为晚熟品种。

在油菜生产与科研实际工作中,不同地区对正常气候条件下适期播种油菜的熟期有一个相对认同的范围。如甘蓝型油菜品种在长江中熟地区一般以少于200天为早熟,200～220天为中熟,大于220天为晚熟;黄淮地区及长江下游地区大致为220天以下为早熟,220～245天为中熟,大于245天为晚熟。春油菜区对早中晚熟的天数区分明显不同,如甘蓝型品种在西藏的生育期一般在130～160天,中熟品种的生育期在145～150天;西藏白菜型春油菜熟期划分标准为全生育期小于110天为早熟,110～130天为中熟,大于130天为晚熟。而青海白菜型春油菜不同品种生育期的变化范围在80～110天,90～100天的为中熟品种。

3. 按农艺性状分类

以农艺性状为基础,我国油菜可分为白菜型、芥菜型和甘蓝型三大类(表9-1)。

表9-1　三大类型油菜特征比较表

项目	甘蓝型油菜	白菜型油菜	芥菜型油菜
俗称	日本油菜、欧洲油菜、洋油菜、番油菜等	小油菜(包括北方小油菜和南方油白菜两个变种)	大油菜、苦油菜、高油菜、辣油菜(包括小叶芥油菜和大叶芥油浆两个变种)
植株	较高大	较矮小	高大
根系	主根膨大,支细根发达	主根膨大,支细根发达	主根发达,支细根少
叶片	叶色较深,叶片厚,叶面有蜡粉,薹茎叶无柄、半抱茎	叶色深绿色至淡绿色,尤蜡粉,叶片薄,薹、茎、叶无柄,全抱茎	叶色深红色或紫色,有蜡粉,叶片厚,薹、茎、叶有短柄,不抱茎

项目	甘蓝型油菜	白菜型油菜	芥菜型油菜
花	花瓣大、黄色,开花时花瓣两侧重叠	花瓣大、圆形,花瓣淡黄色至深黄色,开花时花瓣两侧重叠	花瓣窄小、淡黄色,开花时花瓣两侧分离
角果	角果较长,果柄与果轴垂直着生	角果肥大、扁圆,果喙明显,果柄与果轴呈锐角着生	角果细短,果柄与果轴夹角较小
种子	较大,种皮黑褐色,含油量35%~45%,千粒重3~4克,种皮表面网纹浅	大小不一,种皮褐色、黄色或黄褐色,含油量35%~45%,千粒重2~3克,种子表面网纹较浅	较小,种皮有红、黄、褐等色,含油量30%~35%,千粒重1~2克,种皮表面网纹明显
授粉习性	具有自交亲和性,异交结实率20%~30%,属常异交作物	具有自交不亲和性,异交率75%~95%,属典型异交作物	具有自交亲和性,异交率20%~30%,属常异交作物
生育期	较长,170~230天	较短,150~200天	中等,160~210天
抗逆性	耐寒、耐湿、耐肥,抗病,中耐菌核病	抗病性差,较耐湿	耐瘠、耐旱、耐寒,抗病性中等

　　白菜型油菜主要有两个变种,一是北方小油菜,一是南方油白菜。北方小油菜在我国种植历史悠久,古代文献中称为芸薹,分布在我国西北、华北各省,以青海、甘肃、内蒙古等省、自治区较多。

　　主要特征是株型矮小,分枝少,茎细,基叶不发达,匍匐生长。叶椭圆形,有明显的琴状裂片,具刺毛,多被有一层薄蜡粉。南方油白菜在长江以南各地均有种植,与北方小油菜比较,株型较大,茎较粗壮,叶肉组织疏松,基叶发达,叶柄宽,叶肋肥厚,叶片圆形或有浅缺刻,绝大多数不具蜡粉。易感染病毒病和霜霉病,产量较低,适宜在季节较短、低肥水平的高海拔地区栽培,可作蔬菜和榨油兼用作物。白菜型油菜生育期变幅较大,我国北方春播小油菜的生育期60~130天,冬播小油菜则为130~290天。

芥菜型油菜包括小叶芥油菜和大叶芥油菜两个变种。主要分布在我国西北和西南各地,新疆和云南是我国芥菜型油菜最为集中的地方,栽培历史悠久。其特点是植株高大,株型松散,分枝纤细,分枝部位高,主根发达。产量不高,但耐瘠、抗旱、抗寒,适于山区、寒冷地带及土壤瘠薄地区种植。也可作调料和香料作物。

甘蓝型油菜增产潜力大,抗霜霉病、病毒病能力强,耐寒、耐肥,适应性广,我国油菜产区均有栽培。目前除油用外已开始作蔬菜用。是我国种植的主要类型,种植面积占全国油菜种植总面积的90%左右。

4. 按种植季节分类

(1)春油菜。春、夏播种,夏、秋收获。一般在冬季平均气温为0～10℃、1月份平均温度为－10～－20℃或更低、最暖日均气温在20℃以下的寒冷地区种植。澳大利亚、欧洲北部、北美加拿大以及我国东北、西北、青藏高原等地,冬季气候干燥、夏季冷凉湿润、日照长、昼夜温差大,适宜于种春油菜。

(2)冬油菜。秋季播种翌年夏季收获。在平均气温下限为10℃、最冷月平均气温下降为－5℃的地区可以种植冬油菜。我国长江流域冬季冷凉,春季气候温暖湿润,适宜种植冬油菜。

二、优质油菜的概念及指标

1. 优质油菜的定义

国内外油菜育种家们认为最理想的食用油菜品种应该具有:脂肪酸组成中应少或无芥酸、高油酸和低亚麻酸;饼粕中含硫代葡萄糖苷低,含芥子碱、植酸微量;高油分和高蛋白质含量、低纤维素含量或具有黄色种皮颜色(黄皮籽粒一般含油量高,油黄色,清澈透明)等优良品质。

当前所说的优质油菜主要是指双低油菜,高含油量或具有黄色种皮颜色的油菜。目前生产上大面积推广的优质油菜主要是双低油菜,因而常将优质油菜与双低油菜表述为同一概念。

2. 油菜籽的物质组成与品质特性

油菜籽由30%～50%的脂肪(即菜油)、21%～30%的蛋白质及糖类、维生素、矿物质、植物固醇、酶、磷脂和色素等物质组成。脂肪是由甘油和各种脂肪酸组成的酯类。油菜、大豆、向日葵、芝麻等不同油料作物油脂中的脂肪酸成分不同,所生产食用油的营养价值也大不相同。

菜籽油的脂肪酸主要有棕榈酸、硬脂酸、油酸、亚油酸、亚麻酸、花生烯酸、芥酸7种。普通菜籽油的主要问题是芥酸(50%左右)和亚麻酸含量高,油酸和亚油酸含量较低;而双低油菜籽的芥酸含量在2%以下,甚至不含芥酸,使菜籽油的脂肪酸组成更加理想。随着油菜品质的改良及营养学研究的发展,双低油菜籽油的保健价值得到越来越多的肯定。①双低油菜籽油的饱和脂肪酸只有7%,是普通食用油中最低的,比大豆油(15%)低1倍,比动物油(猪油43%、牛油48%)低6~7倍。②双低油菜籽油的油酸含量为60%,仅次于橄榄油;而高油酸双低油菜籽油的油酸含量达到75%~78%,超过了橄榄油。同时油菜籽油中亚油酸的含量远低于红花、向日葵、大豆、芝麻等植物油。

加拿大、芬兰、瑞典、美国科学家研究证明,食用双低油菜籽油的人群比常规人群胆固醇总量要低15%~20%,且低密度脂蛋白含量也低15%~20%,十分有利于人体健康。

硫代葡萄糖苷是一类葡萄糖衍生物的总称,是普通菜籽饼中的主要有害成分。它本身无毒,但能溶于水,在芥子酶的作用下裂解成为几种有毒物质。这些产物的毒性大小顺序为:腈>噁唑烷硫酮>异硫氰酸盐>硫氰酸盐。它们能引起家畜和家禽的肝、肾和甲状腺肿大,造成代谢失常,特别对猪、鸡等单胃动物的危害比牛等反刍动物更大。同时还产生一种刺激性气味,降低饲料的适口性。

此外,菜籽中的有害成分还有植酸、酚酸和单宁,这些物质主要影响菜籽饼作饲料使用时的适口性、安全性和营养价值,以及蛋白质的进一步加工利用。

3. 优质油菜的品质指标

主要有物理指标和化学指标两类。以下介绍主要为新品种选育所要求达到的目标。

物理指标。考察油菜质量的物理指标主要包括种皮色泽、厚薄、皮壳率,油的色泽、透明度、气味等。

化学指标(即化学成分)。①种子含油量 45% 以上。现在世界上高含油量的标准是 45% 以上,我国一般要求达到 40%~42%。油中脂肪酸组成为芥酸含量<1% 或>55%,亚麻酸含量<3%。芥酸含量超过 55% 的菜籽油是理想的冷轧钢及喷气发动机的润滑剂和脱模剂,以及金属工业高级淬火油,在工业上具有特殊用途,因此高芥酸含量也是优质油菜的指标之一。亚麻酸对人体有利,但很易被氧化,使油脂产生哈喇味或恶臭气味,影响了油的贮藏性能和品质,所以优质菜籽油的亚麻酸含量以<3% 为宜。②饼中硫代葡萄糖苷含量<40 微摩尔/克(国内标准),或<30 微摩尔/克(国际标准)。③纤维素含量<10%。④叶绿素含量低。成熟不好的菜籽一般叶绿素含量高。

双低商品菜籽、低芥酸菜籽油和低硫苷菜籽饼是双低油菜的重要产品。2001 年 4 月 1 日,我国农业部颁布实施的农业行业标准规定,低芥酸、低硫苷油菜籽中芥酸含量<5%,硫苷含量<45 微摩尔/克。低芥酸菜籽油中芥酸含量<5%。

加拿大等油菜主产国的 Canola(卡诺拉,即加拿大双低油菜)油中芥酸含量<1%,商品菜籽中硫苷含量<30 微摩尔/克,并已将品种改良目标提高到硫苷含量<20 微摩尔/克。我国双低油菜约占 50%,多数双低品种的品质水平与欧洲和加拿大油菜品质相比仍存在一定差距。

三、我国审定的主要双低油菜新品种

对 2003~2006 年通过国家农作物品种审定委员会审定的油菜新品种,以及近 10 年来我国推广的不同类型代表性新品种进行归纳,常规品种见表 9—2,杂交品种见表 9—3。其中多数品种在全生育期天数根据其参加区域试验各试验点的平均表现而得出,在不同年份、不同气候条件及不同播种条件下会有一定的变动。

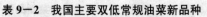

表9—2　我国主要双低常规油菜新品种

类型	品种名称	全生育期（天）	参试区域	审定级别/年	选育单位
白菜型强冬性	延油2号	284	甘肃	甘肃/2001	甘肃省平凉地区农科所
白菜型冬性	皖油11	170～205	安徽	安徽/1996	安徽省农业科学院
甘蓝型半冬性	华双4号	211	长江中游	国家/2003	华中农业大学
甘蓝型半冬性	华双5号	214	长江中游	国家/2004	华中农业大学
甘蓝型半冬性	中双6号	210	长江下游	国家/2003	中国农科院油料研究所
甘蓝型半冬性	中双5号	226	长江下游	国家/2004	中国农科院油料研究所
甘蓝型半冬性	中双9号	220	长江中游	国家/2005	中国农科院油料研究所
甘蓝型半冬性	中双10号	216	长江中游	国家/2005	中国农科院油料研究所
甘蓝型半冬性	沪油15	238	长江下游	国家/2003	上海市农业科学院
甘蓝型半冬性	沪油16	236	长江下游	国家/2004	上海市农业科学院作物所
甘蓝型半冬性	苏油1号	229	长江下游	国家/2003	江苏省太湖地区农科所
甘蓝型半冬性	沪油17	238	长江下游	国家/2006	上海市农业科学院作物所
甘蓝型半冬性	宁油14	237	长江下游	国家/2004	江苏省农业科学院经作所
甘蓝型半冬性	扬油6号	234	长江下游	国家/2004	江苏省里下河地区农科所
甘蓝型半冬性	史力丰	237	长江下游	国家/2003	江苏省南京绿江种苗开发中心
甘蓝型偏春性	赣同17	194	江西	江西/2000	江西省农业科学院旱作所
甘蓝型春性	H165	180 110～120	云南 青海 内蒙古	国家/2002	中国科学院遗传所
甘蓝型春性	云油23	110～140	云南	云南/2001	云南省农业科学院油料所

表 9-3　我国主要双低杂交油菜新品种

类型	品种名称	全生育期（天）	参试区域	审定级别/年	选育单位
甘蓝型弱冬性	秦优 7 号	245～250、218、226	黄淮长江中下游	国家/2002、2003、2004	陕西省杂交油菜研究中心
	华油杂 7 号	230	长江中游	国家/2003	华中农业大学
	绵油 14	220	长江上游	国家/2004	四川省绵阳市农科所
甘蓝型半冬性	秦优 8 号	243 216、234	黄淮长江中下游	国家/2004、2005	陕西省咸阳市农科所
	秦优 9 号	242 216、232	黄淮长江中下游	国家/2003、2004、2005	陕西省咸阳市农科所
	秦优 10 号	236	长江下游	国家/2006	陕西省咸阳市农科所
	杂双 2 号	240	黄淮区	国家/2004	河南省农科院棉油所
	豫油 5 号	235	黄淮区	国家/2003	河南省农科院棉油所
	丰油 10 号	240	黄淮区	国家/2005	河南省农科院
	成油 1 号	242	黄淮区	国家/2005	西北农林科技大学农学院
	渝黄 2 号	214	长江中游	国家/2004	西南农业大学
	南油 10 号	220	长江上游	国家/2005	四川省南充市农科所
	蓉油 10 号	215	长江中游	国家/2004	四川省成都市第二农科所
	蓉油 11	233	长江下游	国家/2004	四川省成都市第二农科所
	蓉油 12	213	长江上游	国家/2004、2005	四川省成都市第二农科所
	蓉油 13	219	长江上游	国家/2005	四川省成都市第二农科所
	华油杂 6 号	224	长江下游	国家/2003	华中农业大学
	华油杂 8 号	220	长江中游	国家/2004	华中农业大学
	华油杂 9 号	233	长江下游	国家/2004	华中农业大学
	华油杂 10 号	215	长江上游、中游	国家/2005	华中农业大学
	华油杂 11	230	长江下游	国家/2005	华中农业大学

类型	品种名称	全生育期（天）	参试区域	审定级别/年	选育单位
甘蓝型半冬性	华皖油 4 号	223	长江上游	国家/2005	华中农业大学
	华油杂 12	223、218	长江上游、中游	国家/2005、2006	华中农业大学
	华油杂 13	220	长江上游	国家/2005	华中农业大学
	华油杂 14	219	长江中游	国家/2005	华中农业大学
	亚华油 10 号	220	长江上游	国家/2006	华中农业大学
	华油 2790	246、228	黄淮，长江中游	国家/2003	中国农科院油料所
	中油杂 4 号	214	长江中游	国家/2004	中国农科院油料所
	中油杂 6 号	222	长江中游	国家/2003	中国农科院油料所
	中油杂 7 号	213	长江上游	国家/2004	中国农科院油料所
	中油杂 8 号	214	长江中游	国家/2004	中国农科院油料所
	中油杂 9 号	223、232	长江中下游	国家/2003、2004	中国农科院油料所
	中油 6303	221	长江上游	国家/2005	中国农科院油料所
	中油杂 11	222、231	长江上中下游	国家/2005	中国农科院油料所
	中油杂 12	220	长江中游	国家/2006	中国农科院油料所
	湘杂油 3 号	218	长江中游	国家/2003	湖南省常德市农科所
	丰油 701	215	长江中游	国家/2004	湖南省农科院作物研究所
	两优 586	196～200	长江中游	国家/2001	江西省宜春地区农科所

类型	品种名称	全生育期（天）	参试区域	审定级别/年	选育单位
甘蓝型半冬性	天禾油6号	235	长江下游	国家/2005	安徽省种子总公司
	皖油22	232	长江下游	国家/2005	安徽省农科院作物所
	皖油19	234	长江下游	国家/2004	安徽省农科院作物所
	浙双6号	220	长江下游	国家/2003	浙江省农科院作物所
	沪油杂1号	221、234	长江中下游	国家/2005	上海市农业科学院
	核杂7号	236	长江下游	国家/2004	上海市农业科学院
	苏油3号	243	长江下游	国家/2003	江苏省农科院经作所
	油研10号	223	长江上中下游	国家/2004	贵州省油料科学研究所
	德油8号	214、223	长江上游、下游	国家/2004	李厚英、王华
甘蓝型偏春性	浙双72	中熟/220	长江下游	国家/2003	浙江省农科院作物所
甘蓝型春性	互丰010	138	青海	青海省/1999	青海省杂交油菜研究开发有限责任公司
	青杂2号	133	西北春油菜区	国家/2003	青海省农林科学院春油菜研究开发中心
	青杂3号	108	西北春油菜区	国家/2003	
	青杂5号	134	西北春油菜区	国家/2006	
	华协1号	117	甘肃、新疆	国家/2001	华中农业大学
	新油16	109	新疆	新疆/2004	华中农业大学

类型	品种名称	全生育期（天）	参试区域	审定级别/年	选育单位
甘蓝型春性	陇油 5 号	120	甘肃	甘肃省/2000	甘肃省农业科学院经作所
白菜型春性	陇油 3 号	中熟/95	甘肃	甘肃省/1998	甘肃省农业科学院经作所
	陇油 4 号	96	甘肃	甘肃省/2000	甘肃省农业科学院经作所
芥菜型春性	新油 14	94～135	新疆	新疆/2000	新疆农科院经作所

第三节　油菜的生长发育过程

　　油菜从播种到成熟所需要的时间称为生育期。生育期的长短因油菜类型、品种、地区自然条件和播种期早迟等相差较大。甘蓝型品种完成全生育期需 180～220 天。北方冬油菜由于经过漫长的冬季生育期，一般为 260～290 天；春油菜生育期短，为 80～100 天。小油菜春麦收后播种，60 天即可生产出种子。一般长江上游地区要早于中游地区 5～10 天，中游地区比下游地区要早 10～15 天。

　　油菜植株的生长和发育是一个连续的过程，但可以分为以下几个显著的阶段：发芽出苗期、苗期、蕾薹期、开花期和角果发育期（图 9－3）。不同阶段的生育特点各不相同，每个阶段的开始并不是上一阶段的结束，上下阶段之间是有一定的重叠与交叉。不同阶段持续时间的长短和发育情况受温度、湿度、光照（日照长度）、营养和品种等条件的影响而发生变化（表 9－4）。

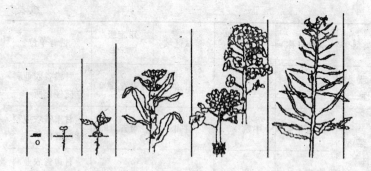

图9—3　冬油菜的生长发育过程与阶段

表9—4　油菜不同生长发育阶段所需时间

发芽出苗期	苗期	蕾薹期	开花期	角果成熟期
＞3～5天	80～120天	30～50天	20～30天	约30天
9～10月	10月至翌年1月	2月	3月上旬至4月上旬	4月中旬至5月上旬

一、发芽出苗期

油菜种子中所含的油类和蛋白质为发芽提供能量,苗床为种子发芽提供充足的水分、氧气和适宜的温度。

1. 种子萌发出苗的过程

第一阶段是种子吸收水分与体积膨大。油菜种子首先经历一个迅速吸水的阶段,随后缓慢吸水,再迅速吸水并伴有种胚的生长。当种子体积膨大到原来体积的1倍左右时,说明水分已吸足。在吸水的过程中,蛋白质分解为氨基酸,油类分解为脂肪酸和甘油。这些分解的物质运输到种子的生长点,在生长点合成为种胚生长所需的蛋白质、脂类等物质,使种子膨胀。由于水分是来自土壤,所以种子必须与土壤紧密接触。种子细胞的吸水受到土壤中无机盐和有机物浓度的影响,如土壤中盐类浓度过高,种子就吸收不到足够的水分而无法正常发芽。因此,在肥沃或严重的盐性土壤上种子可能无法发芽。

第二阶段是萌动。即吸足水分的种子,胚根冲破种皮而露出白色根尖。

第三阶段是发芽。萌动后种胚迅速生长,幼根深入表土 2 厘米左右时,根尖生长出许多白色根毛。幼茎向上延长成弯曲状时称为发芽。

第四阶段子叶平展。幼茎向上伸长并直立于地面,两片子叶张开平展,称为出苗。

2. 种子萌发的条件

种子发芽最适温度为 25℃。低于 3～4℃,高于 36～37℃,都不利于发芽。一般 5℃以下需 20 多天才能出苗;月平均温度 16～20℃时,3～5天即可出苗。种子需吸水达自身干重的 60% 左右才能萌动,发芽时以土壤水分为田间最大持水量的 60%～70% 较为适宜。

种子发芽需要充足的氧气进行呼吸作用而提供能量。种子吸水 4 小时后所需要的氧气急剧增加,呼吸作用迅速增强。当种子胚根、胚茎突破种皮后氧的需要量猛增。由于油菜种子脂肪含量高,与水稻、小麦种子相比萌发需要的氧气较多,因此保证土壤疏松不板结,避免播种覆土过深或土壤水分过多才能使油菜籽顺利发芽。一般只有在浸水或土壤压得过于坚实的情况下氧气才会成为一个限制因素。

影响种子发芽的其他因素包括种子的生长力、种子大小、土壤微生物、种子稳固性和种子病害。种子的生长力是指种子是不是活的、能否发芽。种子的大小反映出种子中营养物质的多少,大的种子有更多的营养物质,发芽更快,能向更深的土壤中吸取能量,可以长出更壮的幼苗。土壤微生物可导致种子腐烂,尤其是在发芽条件差的情况下。种子处理可以保护种子和幼苗免受土壤病菌的感染。种皮上的裂隙增加了种子疾病的易感性,能降低发芽率。带病的种子可能导致皱缩种,它可以发芽,但幼苗会感染病害。

二、苗期与蕾薹期

苗期是指油菜出苗后子叶平展至现蕾这段时期。冬油菜的苗期较长,常占全生育期的一半或一半以上(为 120～150 天)。一般从出苗至开始花芽分化为苗前期,开始花芽分化至现蕾为苗后期。也有按冬至节气划分苗前期和苗后期的。苗前期主要是营养器官如根系、缩茎、叶片等生长的时期，为营养生长期。苗后期营养生长仍占绝对优势，主根膨大，并进行花芽分化。苗期一般主茎不伸长，只有在种植密度过大或冬性不强的品种早播的情况下，主茎才会有伸长（称为早薹），主茎基部着生的叶片节距很短，整个株型呈莲座状（或丛生型）。苗前期发育好，则主茎节数多，可制造和积累较多的养分，促进苗后期主根膨大，幼苗健壮，分化较多的有效花芽，有利于壮苗早发，安全越冬，为高产打好基础。

蕾期是油菜从现蕾至始花的阶段。是指分开主茎顶端 1～2 片幼叶可见到明显花蕾的时期。抽薹则是指油菜现蕾后或在现蕾的同时主茎节间开始伸长时的时期，当主茎高度达 10 厘米时，进入抽薹期。在长江流域，甘蓝型油菜的蕾薹期一般为 25～30 天，正常情况下出现在 2 月中旬至 3 月中旬。蕾薹期的长短受品种、气候、肥水等多种因素的影响较大。气温较高，肥水充足，可促进油菜的生长发育，使现蕾抽薹提早；反之则晚。

蕾薹期油菜为营养生长旺盛、生殖生长由弱转强的时期。在这一时期根系继续扩展，随着气温的上升，主茎迅速伸长增粗，分枝不断出现。长柄叶的功能逐渐减弱，短柄叶迅速伸展扩大面积，功能逐渐增强，成为这一时期的主要功能叶；薹茎上的无柄叶也陆续伸展出来。花芽分化速度显著加快，花蕾加倍增长，花器数量迅猛增加。因此，蕾薹期是油菜春发稳长，达到根强、茎壮、枝多，为角果多、粒多、粒重打下扎实基础的关键时期。

三、花期

油菜从始花到开花结束的一段时间称为花期。全田有 25% 植株开花为初花期，全田有 75% 以上的花序开花为盛花期，全田 75% 以上的花序停止开花称为终花期。长江流域的花期为 25～30 天。花期开始的早迟、持续时间的长短因品种和种植地的气候而异。早熟品种开花早，花期长；反之则短。气温低时开花进度慢，花期长；气温高的条件下开花快，花期短。

开花期是油菜营养生长和生殖生长两旺的时期，盛花期时生殖生长已占绝对优势。从始花到盛花，根系的生长较快，至盛花期时根系的积累总量达到一生的最大值,根群密布于整个耕作层内,植株的吸收能力达到最大。此后,根系活力逐渐下降。茎的长度和粗度在花期时基本定型,但茎内的干物质重量快速增加,茎逐渐充实,终花时茎干物质总量达到最大值。分枝在花期迅速伸长,边开花边结角果,至终花时停止伸长。花期的主要功能叶为主茎和分枝上的无柄叶,叶面积在盛花时达到油菜一生中的最大值,叶片的光合作用正处于最旺盛的时期。盛花期以后根、茎、叶生长则基本停止,生殖生长转入主导地位并逐渐占绝对优势,是决定角果数和每果种子粒数的重要时期。

四、角果成熟期

角果成熟期是指终花至角果种子成熟的一段时期。油菜终花后,花朵中的子房膨大形成幼嫩的角果,逐渐形成大角果,植株上的叶片已大量脱落,角果皮逐渐转化为光合作用的主要器官,制造种子发育所需的大部分营养物质。同时,根系吸收的部分营养物质和茎枝中贮藏的营养物质也源源不断地向种子中输送,种子体积增大充实,油分和其他营养物质也不断积累贮藏其中,直至种子完全成熟为止。此期是油菜充实、形成高产的重要时期。

第四节　油菜安全生产知识

一、双低油菜商品品质下降的原因

目前生产上使用的双低优质油菜品种很多,但是油菜籽收购部门却很难收到双低油菜的商品菜籽。其原因主要来自 3 个方面。

1. 稻生油菜混杂

所谓稻生油菜,又叫野油菜、自生油菜。是指在种过油菜的地里,翌年秋、冬季不经人工播种而自己生长出来的油菜植株。据观察,落在地里的油菜籽,可随土壤翻耕被翻至土内下层,由于空气不足不能发芽,但是种子并没有死亡,秋、冬季整地时将土内下层的油菜籽翻到上层,当空气、水分等发芽条件具备时,油菜籽便发芽出苗,产生混杂。

2. 生物学混杂

油菜的天然异交率很高,白菜型油菜为 75%～85%,芥菜型油菜为 10% 以上(高的可达 40%),甘蓝型油菜为 10%～30%。所以双低油菜品种种植区域内,如果交叉种植了双高普通油菜品种,则开花期间相互串粉,导致油菜种子品质变劣。因此,对优质油菜的生产基地选择或隔离措施要予以高度重视。

3. 机械混杂

在油菜生产过程中,如播种、清沟、脱粒、晒种、清选、贮藏、调运等环节中,如果不按规程操作或控制不严格,则很容易混杂。双低优质油菜种子价格比普通油菜种子价格高,如在种子收获、收购时不把住品种质量关,会把普通油菜种子混入进去。

二、保优栽培措施

1. 防止机械混杂

严把从播种到种子收获、调运全过程的每一道关口,制定操作规程,培训相关人员,严格监督管理,防止机械混杂。按品种、按田块单收、单打、单晒、单藏,种子袋内外都要有注明品种名称的卡片。

2. 采取隔离措施防止生物学混杂

主要是防止虫媒和风媒传粉。

(1)空间隔离。一般要求双低优质油菜品种的种植区域与双高普通油菜品种以及白菜、菜薹、甘蓝等其他十字花科作物的种植区域应相隔 800 米以上,这样的距离才能保证收到优质油菜籽。其方法是:在平原地区以种子繁殖基地为中心,建立四周 1 000～2000 米范围内不种油菜和其他十字花科作物的隔离区,隔离距离越远越好。如有山区、丘陵、沙洲、湖泊等天然隔离条件的,可减少空间隔离距离。选择四面环山谷地及四面环水的小岛作为繁种田最为适宜。

(2)时间差隔离。安排好播种时间,错开油菜与其他十字花科作物的开花季节,如冬油菜的春性型品种可在当年早春播种。

(3)人工隔离。即利用工具阻止异种花粉侵入。此法适用于小量材料或单株繁殖与保纯。主要有 4 种方法。一是纱罩隔离。竹篾编成直径 30 厘米、长 40～60 厘米的圆筒，外套纱罩，两端为锁口。油菜开花前套在植株上，上下口锁紧，中间用小竹竿穿过纱罩插在植株旁固定篾笼，终花后摘除。二是纸袋隔离。硫酸纸做成 30 厘米×15 厘米的纸袋，开花初期选择上部花序，去掉已开花朵和幼果，套上纸袋，下部用回形针扣紧，随着花序伸长不断将纸袋往上提，成熟后收自交种子。三是网室隔离。用尼龙纱或钢纱做成活动网室，用作原种繁殖大量种子。注意在室内放蜂辅助授粉。四是纱帐隔离。用 36～40 目/平方厘米尼龙纱做成两米纱帐，开花前罩住油菜植株，每个纱帐罩 10～12 株，终花后摘除。

（4）屏障隔离。利用现有的高大林带、天然山丘或湖泊，以及不同作物种植区进行隔离。

3. 采取措施防止稻生油菜混杂

主要措施有：实行水旱复种轮作，这是最彻底的措施。油菜收获后立即灌水，促使落地种子发芽后再翻耕种植夏季作物，这样可以消除落地油菜种子。秋作物收获后，油菜种子播种前灌 1 次水，促使落地油菜种子发芽，再喷施 1 遍灭生性除草剂，接着翻耕播种油菜。

三、购买油菜种子应注意的问题

第一，正确看待广告宣传，且高价位的品种不等于就可获得高效益。

第二，油菜籽剥去种皮进行观察，凡幼芽、幼根带青白色，子叶带青绿色、黄白色、黄色且湿润、有弹性的为有生命力的种子；而幼芽、幼根带褐色，子叶亦呈褐色干秕、皱缩的为已经死亡的种子。

第三，购买合法种子经营单位（者）经销的油菜种子，不要购买无证、无照经营者或商贩销售的种子。合法的种子经营者主要是：具有《种子经营许可证》和《营业执照》的种子经营单位及其分支机构；其《营业执照》的经营范围中含有"种子"并持有委托销售者的《种子经营许可证》复印件和书面委托书的种子代销经营者；其《营业执照》的经营范围中含有"销售包装种子"的种子零售者。应注意保留销售者的联系地址和电话。

第四，购买通过审定的油菜品种种子。《种子法》第十七条规定，应当审定的农作物品种未经审定通过的，不得发布广告，不得经营、推广。必须是经国家审定或省级农作物品种审定委员会审、认定的，应有品种审、认定编号，或同意引种批文。如果是国外进口或外地调运的新品种，应有在本地区试种过 1~2 年的证明。

第五，购种时要向种子销售者索取有关的购种凭证和品种简要性状、主要栽培措施等有关技术资料，并在播种后将种子包装袋连同购种凭证、资料一起保存，以备发现种子质量问题时作为索赔的依据。

第六，发现所购的种子有质量问题并造成损失时，须持售种者出具的购种凭证、种子包装袋等索赔依据，首先要求售种者组织田间鉴定和测产，并赔偿因质量问题造成的损失。如售种者不能在田间现场保全期间赔偿，或田间鉴定、测产，应向所在地、县级农业行政主管部门投诉。如果经有关管理部门协商、调解、仲裁仍不能得到赔偿或认为赔偿不合理，可直接向人民法院起诉，要求根据《中华人民共和国种子法》及其相关法律的有关规定给予赔偿。

第七，购买包装、标志符合法律法规规定的种子。所购买的种子是否是小包装（国家规定最大包装不超过 25 千克），包装上是否有标签，标签内容是否齐全真实。不要购买散装种子或包装破损、标志不清的种子。《种子法》第三十四、三十五条规定，销售的种子应当加工、分级、包装，实行分装的，应当注明分装单位，并对种子质量负责；销售的种子应当附有标签，标签和包装物上应标明作物种类、品种名称、质量指标、生产商、净含量、生产年月、警示标志等。质量指标包括种子的净度、发芽率、纯度、含水量指标等。

第八，注意辨认种子生产许可证和植物检疫证号，这两个号码的年份与种子生产的年份应该一致。如果号码标注的年份与往年的不一致则不是正宗种子，有可能是假冒或过期陈种。

第九，运用防伪标志，举报假冒种子。优良品种采用厂电码防伪，通过刮号打电话辨别真假。若是假的则应到当地工商、质量监督和农业部门举报。

第五节　油菜对肥料的需求

一、需肥特点

1. 需肥规律

● 油菜营养生理的显著特点:一是对氮、磷、钾的需要量比水稻、大麦、小麦、大豆等作物多。二是对磷、硼的反应特别敏感,当土壤速效磷含量低于 5 毫克/千克时就会出现缺磷症状。三是根系能分泌大量的有机酸溶解土壤中难溶性磷,使土壤中有效磷的含量增加,可提高对磷的利用率。四是油菜自然归还率高,是"用、养"相结合、培肥地力的好茬口。

2. 各生育期对氮、磷、钾的吸收

油菜对氮、磷、钾的吸收量随品种特性、产量指标、施肥水平的不同有较大差异。甘蓝型油菜每生产 100 千克菜籽需吸收氮 8～11 千克、磷 3～4 千克、钾 8.5～12.8 千克,氮、磷、钾的比例大约是 1:0.4:1。

油菜在不同生育时期由于生育特点的不同,积累的干物质也不相同,所以吸收的氮、磷、钾的量也不相同(表 9—5)。

表 9—5　甘蓝型油菜各生育时期对氮、磷、钾的吸收　(%)

生育时期	干物重	氮(N)	磷(P_2O_5)	钾(K_2O)
苗期	20	42～44	20～31	24～25
蕾薹期	21	33～46	22～65	54～66
开花结角期	59	10～25	4～58	9～22

由表 9—5 可以看出:油菜苗期历经时间 100 多天,积累干物重虽只有 20%,但吸收氮、磷、钾的量却较多。蕾薹期是吸肥最多的时期,也是吸肥强度最大的时期。开花结角期积累干物质最多,但对氮、磷、钾的吸收量却不多。

3. 硼素营养

油菜是需硼量较高的作物,也是对硼反应敏感的作物。据研

究,不同生育时期地上部硼的积累过程是:苗期占全生育期的 6%,蕾期占 6.7%,花期占 14.8%,角果发育成熟期占 72.5%。说明油菜生殖器官生长阶段需硼较多。

二、缺素症状

1. 缺氮症状

氮是油菜需求量最多的营养元素。氮肥不足,首先影响植物体的生长。随着缺氮程度的加深,油菜植株依次表现为叶片、茎绿色变淡,甚至呈现紫色,下部叶还可能出现叶缘枯焦状,部分叶片呈黄色或脱落;植株生长瘦弱,主茎矮小而纤细,分枝少而小,株型瘦小而松散;单株角果数减少,开花期缩短,终花期提前,种子小而轻。

2. 缺钾症状

油菜缺钾时幼苗呈匍匐状。叶片叶肉部分出现"烫伤状",叶面凹凸不平,导致叶片弯曲呈弓状,松脆易折,常常焦枯脱落;叶色变深呈深蓝绿色或紫色,边缘和叶尖出现"焦边"和淡褐色至暗褐色枯斑。茎枝细小、机械组织不发达、表面呈褐色条斑、易折断倒伏,直至整个植株枯萎、死亡。

3. 缺磷症状

油菜对磷的需求比氮少。油菜缺磷时叶片小,不能自然平展;呈灰绿色、暗蓝绿色到淡紫色,茎呈现灰绿色、蓝绿色、紫色或红色,开花推迟。严重缺磷时,叶片变窄、边缘坏死、老叶提早凋萎、脱落;茎纤细、分枝少;植株瘦长而直立。如果缺磷进一步发展,则植株矮小,花序不能正常发育。

4. 缺钙症状

油菜缺钙时,叶缘虽枯褐色,叶缘和脉间组织坏死,生长点或嫩叶变形死亡。

5. 缺镁症状

油菜缺镁并不常见。但缺镁时,最初在叶片上产生显而易见的褪绿斑点,后逐渐扩大到叶脉之间,变为橙色或红色。通常老叶首先表现出症状,后扩展到嫩叶。严重缺镁时,叶片枯萎而过早脱落。

6. 缺硫症状

油菜缺硫症状与缺氮症状有些相似；但缺硫较多出现在抽薹和开花期。缺硫时，叶片叶脉间失绿，而叶脉仍保持原来的绿色。缺硫对幼叶的影响最大。花色变淡，开花延续不断。至成熟时植株上同时有成熟的和未成熟的角果，以及花和花蕾。角果尖端干瘪，种子发育不全，角果中只有几粒种子或种子空瘪。严重缺硫时植株矮小，只有正常大小的一半，茎变短并趋向木质化。

7. 微量元素缺乏症

（1）缺铁症状。大田油菜一般不缺铁。但在高度石灰性土壤上，油菜缺铁可能会出现叶片失绿的现象。

（2）缺锌症状。油菜尚无缺锌报道。但施用（叶面或土壤）硫酸锌可以增加油菜分枝、角果数，提高产量。

（3）缺铜症状。大田油菜很少缺铜，但在沙土和有机质含量高的白垩土以及某些泥炭土上，油菜可能会表现出叶片缺绿或叶片边缘发白的缺铜症状。

（4）缺锰症状。油菜对缺锰比较敏感。缺锰时，油菜生长和形成分枝受到影响，严重时开花也受到抑制。缺锰症状首先表现在新出的叶片上。叶脉间出现失绿斑点，斑点的数目和大小增多增大，直到除叶脉及其附近仍为绿色外，其余部分都变黄。随后症状扩展到老叶，出现坏死斑点。

（5）缺硼症状。油菜对缺硼比较敏感，在缺硼土壤上尤为显著。早期缺硼时，油菜植株矮化。叶片皱缩、变小、呈暗绿色，有时叶柄开裂。轻度缺硼时，植株看不出矮化，但花序发育受阻，结实很差。花序顶端干枯，最后几朵枯萎花的花瓣残留在花序上。枯死部位以下可能残留一些未成熟的秕果，即出现所谓"蕾而不花"或"花而不实"的现象。

（6）缺钼症状。油菜缺钼很少见。但缺钼时，油菜叶片变狭，中肋增厚。

第六节 油菜对水分与温度的要求

一、油菜对水分的要求

1. 油菜需水特点

油菜是需水较多的作物之一,其每形成 1 克干物质蒸腾耗水量达 350～900 毫升。油菜对水分的需求有两个关键时期:一是需水量最多的时期,称为最大需水期。二是需水量虽然不大,但十分敏感,成为水分临界期。如果此时水分供应不足,则其所造成的损失即使以后补充足够的水分也难以弥补。油菜的最大需水期是开花期,水分临界期是蕾薹期。

(1)苗期。油菜播种时若土壤湿度降至 10％～15％则严重影响出苗和全苗,移栽油菜苗受旱则叶片易黄化脱落甚至不能成活。苗期田间最大持水量以 70％以上较为适宜,80％～85％为最佳。土壤水分过低或过高均会使叶片分化生长减慢。

(2)蕾薹期。田间水分达最大持水量的 80％最为有利。随着气温升高和植株叶面积的迅速扩大,蒸腾作用增强。若田间水分不足,生长受到抑制,光合面积小,有机物积累少,导致主茎变短、叶片变小、幼蕾脱落等现象发生。

(3)花期。是油菜一生中对水分最敏感的时期,土壤水分达田间最大持水量的 85％最为适宜。开花期空气相对湿度以 70％～80％为宜,相对湿度低于 60％或高于 94％都不利于油菜开花,特别是上午 9～11 时的降水对结实的影响最大。

(4)角果发育成熟期。要求田间持水量不低于 60％为宜。角果成熟期由于植株的衰老,蒸腾量明显减少,角果皮进行旺盛的光合作用。同时茎、叶、角果皮中的物质向角果大量运转,缺水会使秕粒增加、粒重和种子含油量降低。

2. 油菜旱害及防旱技术

土壤干旱缺水会严重影响油菜的出苗和全苗,幼苗正常生长发育受阻,以致不能培育壮苗;移栽的菜苗干旱缺水,则出现早晨叶片伸展不开,进而黄化脱落,严重影响到根系对矿质营养的吸收,不能进行正常的生长发育,形成弱苗,抗寒能力减弱。如根茎粗6毫米、苗高20厘米以下的菜苗,越冬期土壤5厘米处田间持水量小于45%～50%时,只要遇上－5～－8℃的低温,死苗率可达90%以上;而壮苗安全区越冬期5厘米土壤处的田间持水量为大于25%,弱苗为大于45%。所以有"冬水是油菜之命"的说法。蕾薹期缺水,生长受到抑制,光合面积小,有机物积累少,开花时间提早结束,花序短且早衰青枯,蕾角脱落增加,角果少且对以后的种子发育、油分积累不利;在角果发育期则要求田间持水量不低于60%为宜,这样有利于光合产物的形成、运转和积累。

油菜在播种前土壤墒情较差时,应浇底墒水。一般浇水时间应提前7～8天进行,灌水后及时耕耙整地。旱地要注意及时耙磨,蓄水保墒,力争足墒下种。长江流域的油菜苗期,特别是苗前期(冬至前),秋季干旱降水少,田间蒸发量大,常出现严重干旱,导致油菜幼苗生长缓慢,出现"老、小、弱、僵"苗现象,直接影响安全越冬。苗期水分管理应做到"浇水保苗、灌水发根、以水调肥、以水调温",适时灌溉培育壮苗。具体来说,播种出苗期若遇干旱,整地时灌水整地,播种后浇施稀粪水,保证安全出苗和出全苗、出齐苗。移栽时和移栽后浇施稀薄粪水或尿素水,确保成活快。移栽苗开始生长或直播苗3叶期以后,引水沟灌促进根系生长,促进根系对养分的吸收。在冬季寒冷时,可在入冬前灌水提高土壤温度,缩小土壤昼夜温差,防止或减轻冻害死苗现象。

蕾薹期要结合施蕾薹肥进行浇水,水肥并用,促进油菜生长,搭好丰产架子。

花期灌水应根据土壤肥力和植株长势而定。若土壤肥力高,生长十分繁茂、田间郁闭严重,可推迟灌水或不灌,以水控肥;相反,植株长势差时,则应早灌多灌,以水促肥。一般开花期可灌水1～2次。角果发育期适宜的水分能提高粒重、保证品质,酌情灌水不能忽视。

3. 油菜渍害及排水技术

(1)油菜渍害及其特点。土壤水分过多或地面渍水对油菜的生长发育造成阻碍便形成渍害（或称湿害）。南方油菜间区前茬多为水稻，由于长期淹水，土壤理化性质较差，供肥能力较低，是稻茬油菜产量较低的重要原因。特别是由于长期的湿耕湿耙使犁底层上升，土壤通气透水能力变差，通气孔隙减少，影响土层水分的下渗和排除，使雨后土壤耕层渍水严重。

油菜渍害产生的主要原因：首先是根系密集层土壤含水量过大，使根系较长时间处于缺氧的不利环境之下，导致植株产生无氧呼吸，使植株在形态解剖、生理和代谢过程等方面产生变化，根系活力迅速衰退，对水分和无机物的吸收下降，造成生理干旱，使同化作用受阻，地上部生长发育不良，或严重脱水而引起凋萎或死亡。此外是土壤中氧气不足，会抑制好气性细菌活动，利于各种病菌的滋生，也恶化了土壤的理化性质。

在土壤持水量为40%左右的条件下，越冬期、薹期、花期和角果发育期的油菜都有明显的渍害症状产生，其中苗期和角果发育期对渍害最为敏感。发生渍害的油菜，叶色变淡，黄叶出现早而多。表土层须根多，支根白根少。植株生长弱，叶片或角果现紫色，严重者出现烂根而植株死亡。开花期若水分太多，再加上偏施氮肥，极易出现倒伏或贪青晚熟，有利于菌核病的发生和蔓延。

（2）油菜防渍与排水技术。

1）选用耐湿性强的品种。在容易发生渍害、地下水位较高以及低洼地，应选用耐渍性较强的品种种植。

2）根据植株生育期与气候特点加强管理与排水。长江中下游常有秋旱，但在秋旱解除以后又常出现阴雨连绵的天气。长江中下游另一个气候特点是春季雨水多，低温寡照，土壤通气不良，不利于油菜根系发育。开花期与角果期雨水偏多则植株受渍早衰，影响产量品质。因此，应该在立春后雨季到来之前及时清理沟渠，防止雨后受渍。对排水沟深度不够或不畅通的，应及时加深理通，以降低田间湿度，防止渍涝灾害发生。在稻—稻—油菜三熟制的条件下，土壤排水不良，直播油菜的幼苗易发生猝倒病，影响全苗。田间湿度大的田块，油菜苗长势普遍较弱，有的出现僵苗、黄化苗、死苗现象,有的发芽率较低。移栽田排水不良或油菜移栽后遇持续阴雨天气造成叶片短小狭窄,茎基部叶片发黄,上部叶片的叶尖有时出现萎蔫现象,生长十分缓慢,严重时出现烂根死苗现象。对这类渍害型弱苗,首先应清沟沥水,降低地下水位。其次应结合中耕增施火土灰或腐熟的堆肥、厩肥,以提高地温,增强土壤的通气性、透水性。对湿度大、土壤黏重的田块还应撒施适量草木灰于厢面。

3)注意整地与开沟。在稻、油两熟地区,为保证油菜正常播种,对于排水不良的烂泥田,可在水稻收获前7～10天四周开沟排水;若残水难于排干,可采用高畦深沟栽培方式,这种方式有利于降低地下水位,促进根系发育和产量的提高。对土质黏重、田块面积较大以及排水不易的田块,应当提早开沟排水,并加深排水沟。整地时注意开好"三沟"(厢沟、腰沟、围沟)。一般板田、低垄田要深开沟,田块大、地势低的还要多开厢沟,陡岸田和坊田可单开背沟和中沟。一般排水不良的积水地区,往往地下水位也较高,因而在排水时要考虑综合措施,既要排除地表径流,又要降低地下水位。目前生产上推行的深沟高畦排水措施,效果很好。其做法是:在播前或移栽前结合其他管理措施开沟做畦,畦宽150厘米左右。一般沙质土透水性良好,可适当放宽厢面;黏重土透水性差,畦面可窄一些。在特别低洼和多雨地区,为使土壤易于干燥,可采用窄畦拱背的方式。沟的深度以畦沟26～33厘米、腰沟33厘米以上、围沟50厘米以上为宜。地下水位高的地块,围沟的深度应大于耕作层。

二、温度对油菜生长的影响

1. 油菜对温度的要求

苗期适宜温度为10～20℃。高温持续时间长分化快;苗期遇短期0℃以下低温不会受冻,若持续时间长则易受冻害。温度的高低因油菜品种的发育特点不同而影响其苗期的长短,进一步影响其营养器官的物质积累量。冬油菜苗期温度的高低,特别是有效积温的多少将决定其年绿叶数和年后分枝数的多少。苗期有效积温多,年绿叶数多、分枝多、产量高。

蕾薹期适宜的温度有利于稳长。温度过高造成主茎伸长过快,易出现茎薹纤细、中空和弯曲现象;温度过低则易引发裂茎和死蕾,都会降低产量。冬油菜一般在开春后当气温稳定在5℃以上时开始现蕾抽薹,气温达10℃以上时抽薹加快。若气温过高,抽薹速度过快,茎组织疏松,易出现茎薹弯曲现象,不利于产量的形成。同时在此期间若遇到0℃以下的低温,植株就有可能受冻,轻者可逐渐恢复生长,重者折断枯死。

甘蓝型油菜开花的适宜温度范围为12~20℃,最适温度为14~18℃。气温下降到10℃以下时,开花数明显减少;下降到5℃以下时多不开花;下降到0℃或0℃以下时,正开放的花朵大量脱落。当气温上升到30℃以上时,花朵结实不良。油菜在花期影响产量的主要因素为低温,低温会导致开花、受精不良,结实率明显降低或不能结实。

气温15~20℃是油菜角果发育的适宜温度范围。菜籽灌浆成熟期间;在适宜温度范围内,温度愈低,灌浆时间愈长,愈有利于籽粒的增重饱满,能提高产量,改善菜籽品质。温度过高或过低都不利于籽粒的灌浆。高温则易造成高温逼熟现象,粒重显著下降而减产。温度低于15℃时,一般中晚熟品种不能正常成熟。

2. 油菜的温光反应特性

(1)油菜的光照作用。油菜的光照作用又称感光性。是指油菜在生长发育过程中要求一定长度的光照条件菜苗才能现蕾的特性。周期性地增加光照时数可使菜苗提早现蕾开花;反之,减少光照时数则使菜苗现蕾开花延迟。根据不同类型品种对这种因增加光照时数所引起的现蕾开花提早程度及对绝对光照时数长度的要求可将其分为弱感光型和强感光型两类。

弱感光型:所有的冬油菜和极早熟春油菜均为此类型。其花前所经历的日长为10~11小时。

强感光型:北美加拿大西部、欧洲北部和我国西北部的春油菜多为此类型。其花前经历的平均日长分别为16小时左右、15小时以上和14小时以上。

油菜感光最敏感的时期为春性冬播油菜和春播春油菜在9~10叶期,偏冬性和半冬性油菜在11~12叶期。

(2)油菜的感温性。是指油菜一生中必须经历一个较低的温度时期使其菜苗才能进行花芽分化,否则会长期停留在只生长根、茎、叶等营养器官的苗期阶段。不同品种类型对温度条件的要求有所不同,据此可将油菜分为以下三种类型。

1)春性型:此类型对低温的要求不严格,一般15~20℃的温度条件下,经历15~20天就开始花芽分化。一般为冬油菜极早熟、早熟和部分早中熟品种,以及春油菜品种。如我国西南地区的白菜型早熟和早中熟品种,华南地区的白菜型品种和甘蓝型油菜极早熟品种,西北地区的春油菜品种。

2)冬性型:这一类品种对低温要求严格,一般需要在0~5℃的低温条件下,经历30~40天,才开始花芽分化。这一类型多为冬油菜中的晚熟或中晚熟品种。如白菜型冬油菜和芥菜型冬油菜晚熟和中晚熟品种。

3)半冬性型:该类型对低温的要求介于冬性春性二者之间,一般在5~15℃温度条件下,经历20~30天才能进入花芽分化。大多数甘蓝型油菜的中熟和中晚熟品种,以及长江中下游中熟白菜型品种均属此类型。

油菜完成春化作用的器官可以是生长中幼苗的根、茎、叶,也可以是萌发过程中的幼胚。有些可在发芽过程中完成,另一部分则只能在菜苗的7~10叶期才能完成。

(3)温光反应特性在生产上的应用。油菜的温光反应特性有4种类型:即冬性——弱感光性(冬油菜),半冬性——弱感光性(冬油菜),春性——弱感光性(主要为冬油菜,亦有少量春油菜品种),春性——强感光性(春油菜)。掌握油菜的感温和感光特性,对油菜的引种、品种的布局以及栽培管理等方面都有着重要的作用。

3. 干热风的危害及其防治

干热风,也称干旱风、火风、热风,是农业气象的一种灾害。农谚"麦怕四月(公历5月)风,风过一场空"。这说明了干热风对冬小麦的危害。干热风对冬油菜的危害也很大。因为干热风主要发生在油菜角果发育成熟后期,可导致油菜植株体内营养物质向种子的运送受阻,造成种子充实度下降,瘪粒增加,千粒重减轻,最后形成高温逼熟,产量下降。

出现干热风的气象要素主要表现为:天气少雨干燥,气温偏高多风,其一般指标是:农田小气候在 14 时前后空气相对湿度≤30%,日最高气温≥30℃,风力≥3 米/秒,俗称"三三制"。气象要素越大于此基本指标,危害越重。因此在干热风期间,要注意水分供应,有条件的地区最好采用喷灌,以水调温,以水调湿,改善田间小气候,减轻干热风危害程度。

4. 低温冻害及其防治

油菜的低温冻害主要发生在越冬期间,也可发生在早春寒潮期间。当气温降至-3~-5℃时,油菜就会遭受冻害。油菜冻害可表现在地上部和地下部。

地上部冻害包括叶片、茎秆、蕾薹、幼果。叶片受冻害是最普遍的。受冻叶片初呈烫伤状,持续低温会导致细胞间隙内水分结冰,使叶片组织受冻死亡;早春寒潮期间如果温度不是太低,叶片下表皮生长受阻,而其余部分继续生长,则导致叶片呈现凹凸不平的皱缩现象。油菜现蕾抽薹期,抗寒力最弱,只要温度在 0℃以下时就会出现冻害。薹受冻初呈水烫状,嫩薹弯曲下垂,茎部表面破裂,是鉴定品种是否耐冻的一个主要标志。冻害严重时,即使能开花,也会结实不良,出现主花序分段结实现象。

地下部冻害苗期表现为根拔现象。是指弱小或扎根不深的油菜苗若遇夜间-5~-7℃的低温,土壤结冰膨胀,幼苗根系被抬起;白天气温回升,冻土溶解体积变小下沉、幼苗根系被扯断外露的现象(犹如被人为拔起一般)。出现根拔现象的幼苗,若再遇冷风日晒,则会大量死苗。直播田块的根拔现象最为突出。

油菜受冻害与很多因素有关,必须采取综合性的防冻措施。除选用抗寒耐寒的品种、培育油菜壮苗外,应着重采取如下技术措施:①早施苗肥,重施蜡肥,培育壮苗防冻。提高油菜自身抵御低温冻害的能力是防止冻害的关键,而油菜冬前营养生长良好,形成强大的根系有利于这种能力的提高。因此冬前应抓住有利时机早追苗肥,特别是晚栽和迟播的菜苗,要尽早中耕松土、施肥、间苗、补苗。另外,越冬前于 12 月上中旬重施蜡肥,有助于提高土壤温度。群众常说"一层蜡肥一层被"。用蜡肥防冻保温,就是这个道理。据试验,越冬前或越冬初期在油菜行间壅施猪、牛粪或土杂肥等有机肥料,可以提高土壤温度 2~3℃。②培土壅根防冻害。结合施蜡肥进行中耕、除草、培土,培土高度一般以第一片叶基部为宜,这样既可疏松土壤、提高土温,又能直接保护根部,有利于根系生长,防止严冬发生根拔现象,防止后期倒伏。③灌水增湿防冻。封冻前 1 个月,日平均气温下降到 3~5℃时灌 1 次越冬水,可缩小土壤昼夜温差,改善田间小气候,缓和低温伤害,防止干冻死苗。越冬水要浇足、浇透,以田间不积水为限,浇后外露的根基要适时重新培土。④摘除早薹、早花防冻。甘蓝型冬油菜应摘除冬前出现的早抽花,以防止或减轻冻害。摘除后必须追施 1 次速效性氮肥,使植株体内养分得以补偿,以促进其恢复生长,促发分枝,增加着果部位。

参考文献

[1]朱维．农艺工——水稻种植(初、中、高级)．北京:中国劳动社会保障
出版社,2009.

[2]胡立勇,周广生,原保忠．油菜农艺工培训教材．北京:金盾出版
社,2008.

[4]赵益强．农艺工．四川:电子科技大学出版社,2004.

[3]梁振兴,戴惠君．小麦农艺工培训教材．北京:金盾出版社,2008.

[6]宋志伟．农艺工培训教程．北京:中国农业科学技术出版社,2011.

[5]郭庆元．大豆农艺工培训教材．北京:金盾出版社,2008.